PECES DE MAR

Título original: *Poissons de mer*
Obra colectiva creación de Losange
Con la colaboración de: Patrick Louisy, Thierry Maître-Allain y Hervé Chaumeton

Editora responsable: Isabel López
Traducción: Antonio Resines y Herminia Bevia
Corrección de textos: Begoña Saludes
Textos complementarios: Javier Susaeta e Isabel Ortiz
Diagramación: Juan Carlos Sánchez
Preimpresión: Julio P. Fernández

Tikal Ediciones
Campezo, 13
28022 Madrid
Fax: 913 009 110
tikal@susaeta.com
Printed EU/Italy

NATURALEZA

Animales acuáticos

PECES DE MAR

TIKAL
ediciones

SIGNIFICADO DE LOS PICTOGRAMAS

DÓNDE Y CÓMO OBSERVARLOS

- Pescadería, piscifactoría, pescadores profesionales
- Pesca no profesional por cualquier método
- Inmersión libre (con gafas o tubo), pesca submarina
- Zona de mareas, pesca a pie en la orilla
- Acuarios públicos
- Inmersión submarina con escafandra autónoma

HÁBITATS

- Mar abierto
- Zonas costeras superficiales
- Fondos
- Estuarios, marismas, lagunas costeras

INTERÉS CULINARIO

- Especie de interés gastronómico
- Especie de carne muy apreciada gastronómicamente

Los nombres de las especies aparecen, además de en castellano, en catalán (c), euskera (e) y gallego (g).

Contenido

INTRODUCCIÓN

ESQUEMA DE UN TIBURÓN

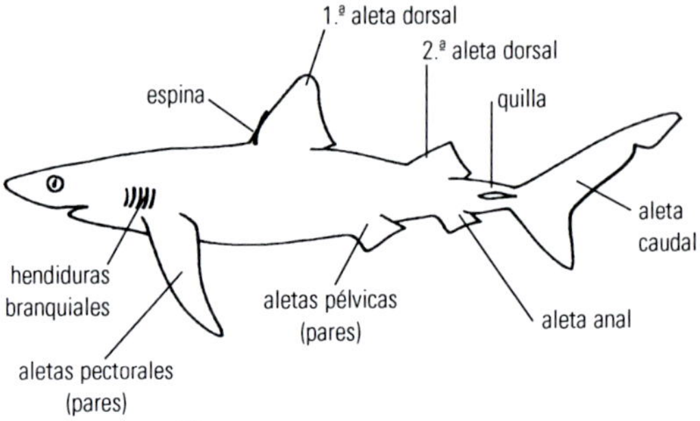

ESQUEMA DE UNA RAYA

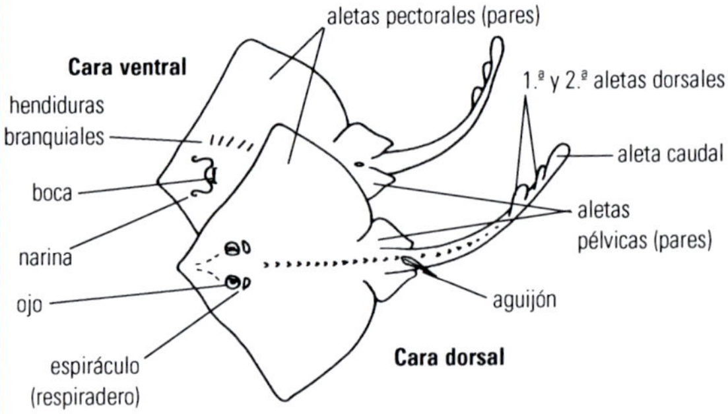

ESQUEMA DE UN PEZ ÓSEO

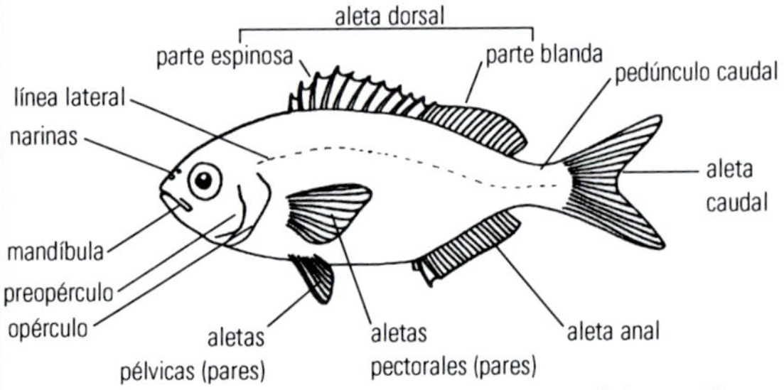

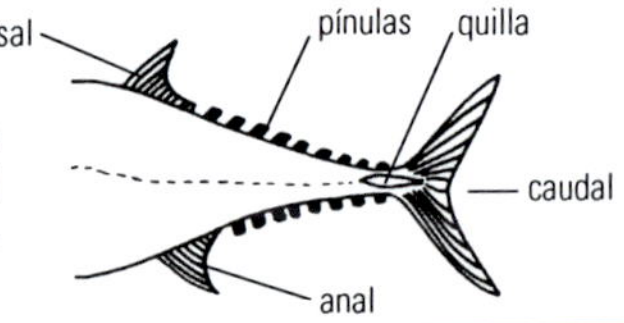

Detalle: parte caudal de un túnido.

Peces

Aunque poseen características comunes (aletas, respiración por branquias), los peces constituyen un grupo muy diversificado. Las formas se alejan a veces mucho de la imagen «clásica» de un pez: su tamaño varía desde 1 cm a más de 10 m y su biología y comportamiento difieren notablemente según las familias.

Desde hace millones de años, han colonizado las aguas dulces, salobres y marinas, y en todas las zonas del globo, desde el ecuador a las frías regiones polares.

Anatomía

Los científicos clasifican a los peces en dos grupos principales:

- los tiburones y las rayas, cuyo esqueleto es cartilaginoso;
- los demás peces, que poseen un esqueleto óseo.

La forma del cuerpo es extremadamente variable: fusiforme, aplanada, serpentiforme, etc. Las aletas les sirven para desplazarse y para estabilizarse. En los tiburones y rayas las aletas no se repliegan; en los demás peces pueden plegarse gracias a unos radios espinosos o blandos. La aleta caudal está más o menos hendida, en ocasiones es cóncava y, por lo general, es simétrica, excepto en los tiburones y rayas. Las aletas dorsales, caudal y anal son impares; las pélvicas y pectorales son pares y simétricas en la mayor parte de las especies.

Salvo en ciertos casos, en los peces óseos el cuerpo está recubierto de escamas, mientras que los tiburones y las rayas poseen una piel rugosa, cuya textura es parecida a la del papel de lija.

La cabeza puede tener barbillas o apéndices cutáneos. En los peces óseos, el opérculo, situado en la parte posterior de la cabeza, protege las branquias y asegura mediante sus movimientos la circulación del agua. Los tiburones y las rayas poseen hendiduras branquiales en lugar de opérculo, aunque desempeñan la misma función.

La mayoría de los peces tienen una línea lateral en cada flanco (a veces varias), más o menos visible o sinuosa. Se trata de un órgano sensorial que percibe las vibraciones del agua.

Un gran número de especies cuenta con una vejiga natatoria (o vejiga gaseosa), órgano próximo al tubo digestivo que sirve al pez para flotar entre dos aguas.

Bothus podas **adapta su coloración para confundirse con el suelo.**

Coloración

La coloración a menudo es característica de cada especie. En algunos peces el color puede modificarse por la iluminación, el sexo, la edad, el humor (huida, agresividad, parada nupcial). Otros adaptan su color para confundirse con el fondo y así pasar desapercibidos (mimetismo).

Reproducción

Algunos tiburones son vivíparos, las crías nacen totalmente formadas y recuerdan a los adultos. Otros peces son ovíparos. El número de huevos varía (desde unos pocos en el caso de las rayas a varios millones en el de los bacalaos) y también su tamaño: en general, no miden más que unos pocos milímetros, unos cuantos centímetros en el caso de las rayas.

El acoplamiento y la fecundación son internos en los tiburones y las rayas. Otras especies ejecutan a veces una parada nupcial; la hembra deposita sus huevos, que son fecundados por el macho en el agua.

Huevo de pintarroja *(Scyliorhinus canicula)*, un tiburón del fondo marino.

Estos huevos se desarrollan en un periodo que oscila entre varios días y varias semanas. Generalmente flotan en el agua, a merced de las corrientes, lo mismo que las larvas en la primera etapa de su existencia. Éstas no se parecen a los adultos (el caso más excepcional es el de la anguila, cuyas larvas, denominadas leptocéfalos, tienen forma de hoja alargada) y a lo largo de su desarrollo experimentan metamorfosis.

Poco a poco, terminan pareciéndose a sus progenitores, excepto en el tamaño, y adoptando su modo de vida.

Nutrición

La alimentación de los peces es muy diversa. Aparte de algunas especies herbívoras, la mayoría de ellos mantiene un régimen carnívoro. Estos últimos son los llamados predadores: capturan peces, crustáceos, moluscos, gusanos y, más raramente, otros animales, y se alimentan de ellos.

Mientras viven a la deriva en el agua, las larvas y alevines se alimentan sobre todo de plancton (especialmente, de pequeños crustáceos).

Valor alimentario

Al contrario de lo que sostiene la opinión más extendida, la aportación nutritiva del pescado a la dieta humana es muy elevada: 100 g de pescado contienen las mismas proteínas que 100 g de carne.

Además, hay que saber que el más graso de los peces contiene menos grasas que la menos grasa de las carnes. Aportan además vitaminas y sales minerales en cantidades muy apreciables como nutrientes (algunos lectores quizá se acuerden de haber «ingerido» aceite de hígado de bacalao).

Teniendo en cuenta que un pez suministra entre un 35 y un 65% de carne respecto a su peso total (según la especie, el sexo y la estación), estos animales constituyen una buena fuente de alimentos, especialmente recomendada para los regímenes dietéticos.

Peligros potenciales

Habremos oído hablar, sin duda, de los tiburones comedores de hombres, poco frecuentes en las costas europeas. Más cercanas a nosotros, algunas especies bastante comunes representan un insidioso peligro.

Provistos de espinas conectadas con glándulas venenosas (rayas, racazos, arañas marinas), estos peces, mientras están vivos o si han sido pescados recientemente, pueden picar y causar un dolor muy intenso. Sus picaduras suelen tratarse con agua caliente (el veneno queda destruido por el calor), aunque lo más recomendable es consultar lo antes posible con un médico.

Los peces en su medio

Cada especie frecuenta un hábitat específico. Además, la morfología del pez suele estar adaptada a ese hábitat. Desde la superficie a los fondos abisales, el espacio submarino está dividido en varias zonas, cada una de las cuales posee características particulares.

Aquí nos interesaremos especialmente por aquellas zonas que resultan accesibles para todos (zonas de marea y litoral); la plataforma continental (que se extiende hasta los 100 o 200 m de profundidad) y alta mar son asequibles sobre todo para los pescadores deportivos y comerciales.

La zona de mareas

En esta zona, alternativamente inundada y abandonada por las mareas (dos veces cada 24 h), las condiciones de vida son muy variables y en ocasiones, extremas: desecación durante la marea baja, importantes variaciones de salinidad (precipitaciones) o de temperatura (sol), etc. Aunque se refugien bajo las algas o las piedras, o en los charcos residuales, los peces que viven en esta zona deben tener un elevado grado de tolerancia. Si bien las superficies mareales pueden ser muy extensas en los estuarios y a lo largo de las playas, en el Mediterráneo se reducen a unos 50 cm.

La zona de intercambio de las mareas resulta muy visible en estas dos fotografías (marea alta a la izquierda, marea baja a la derecha).

La zona litoral

Privilegiado dominio de pescadores y submarinistas, esta zona está constituida por muy diversos medios acuáticos o biotopos y alberga una gran variedad de peces.

Los fondos rocosos

Los fondos rocosos, cubiertos de desfiladeros y grutas submarinas, de montones de piedras o guijarros, ofrecen toda clase de escondites a organismos acuáticos. Los submarinistas saben bien que albergan la fauna más rica y, a menudo, la más colorista. Los restos de naufragios, que proporcionan también refugios muy variados, cobijan a numerosas especies de los fondos rocosos.

Fondo rocoso del litoral mediterráneo.

Las algas que crecen en estos fondos alcanzan mayor o menor tamaño según su exposición a las olas, las corrientes, la luz y las diferentes regiones. En el Canal de la Mancha y el Atlántico se pueden descubrir, justo bajo la zona mareal, auténticas praderas de laminarias, grandes algas de color pardo que pueden llegar a medir varios metros. En el Mediterráneo, las algas de «esqueleto» calizo forman aglomeraciones que pueden alcanzar varios metros de espesor, generalmente en fondos a una profundidad de 10 a 30 m. Estas zonas se han denominado fondos coralígenos, ya que en ellas el coral crece al abrigo de las múltiples anfractuosidades que ocultan las algas. En los fondos de rocas y algas están presentes casi todas las familias de peces: en especial los lábridos, gádidos, espáridos, blénidos, escorpénidos o serránidos.

Los peces planos se entierran a menudo parcialmente en la arena para pasar desapercibidos *(Bothus podas).*

Los fondos blandos

Estos fondos, compuestos de arena más o menos fina o barro, parecen desérticos. Sin embargo, albergan una fauna mucho más rica de lo que parece a primera vista, ya que, enterrados en los sedimentos, viven toda clase de invertebrados. Para pasar desapercibidos, los peces adoptan el color del fondo (gobios, lenguados), se entierran (peces araña), o adaptan su anatomía (cuerpos muy aplanados).

Las praderas submarinas

Sobre los fondos marinos blandos que reciben suficiente luz se desarrollan praderas formadas por fanerógamas, plantas superiores primas de nuestras herbáceas terrestres, en vez de algas. En el Canal de la Mancha y el Atlántico, estos prados, formados por fucos o zosteras, son poco profundos, ya que las aguas son agitadas con frecuencia. En el Mediterráneo, las praderas de posidonias pueden cubrir grandes extensiones, desde la superficie hasta los 30-50 m de profundidad, según la transparencia media del agua. Desgraciadamente, estas praderas –verdaderos pulmones marinos– están amenazadas por la urbanización del litoral, la contaminación y la navegación turística y de recreo (degradación por las anclas de los barcos). Además de su papel de productores de oxígeno, los prados submarinos cobijan a las crías de numerosos peces, así como a algunas especies muy características (caballitos de mar, agujas, subletos, etc.).

Las zonas de salinidad variable

Estuarios y lagunas costeras son zonas donde la salinidad varía considerablemente. En las lagunas costeras, la salinidad incluso llega a ser su-

Las praderas marinas albergan a las crías de numerosas especies de peces (aquí una joven chopa, *Spondyliosoma cantharus).*

perior a la del mar (las salinas son el caso más extremo). Estas zonas, que son muy ricas biológicamente, atraen a una gran cantidad de peces pertenecientes a las especies con mayor tolerancia (barbos, doradas, mújoles), pero también a especies migradoras, como las anguilas, los salmones, las alosas o los esturiones.

Los fondos mar adentro

Según nos adentramos hacia alta mar, los fondos se vuelven más homogéneos, generalmente arenoso-fangosos. Forman parte esencial de la plataforma continental a partir de 50-70 m de profundidad y son explotados por la pesca industrial. Mar adentro, el talud continental y las llanuras abisales, menos ricas, están casi sin explotar.

Alta mar

Es el reino de los peces pelágicos, es decir, de los peces que viven lejos de la costa. Su cuerpo está diseñado para permitirles desplazarse rápidamente en el agua. Con frecuencia viven en bancos compuestos por individuos del mismo tamaño (y, por consiguiente, de la misma edad). Ello les permite orientarse y protegerse mejor frente a los predadores, además de facilitar la reproducción.

Animales a menudo migradores (atunes, albacoras, bonitos), los peces pelágicos pueden recorrer grandes distancias. Ciertas especies se aproximan con mayor o menor frecuencia a las costas (sardinas, espadines, arenques, agujas...).

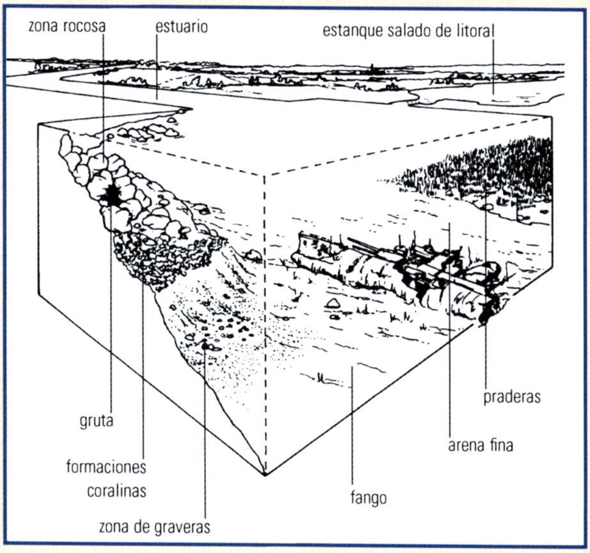

Dónde y cómo observar a los peces

Son muchas las ocasiones que se nos ofrecen para descubrir y observar a los peces. Pero no hay que olvidar que el mar es un medio vivo, en precario equilibrio a veces, donde la intervención del hombre puede ser perjudicial. Además, el mar no es sinónimo de entorno placentero; es también el lugar de trabajo de un gran número de personas: marineros, pescadores, cultivadores de moluscos, etc. Hay que saber respetar el medio ambiente marino y a los demás «usuarios» del mar.

En este aspecto, existen hoy leyes y reglamentos que es importante conocer. Por lo que se refiere a la reglamentación marítima hay que dirigirse a:

– Las oficinas de Asuntos Pesqueros (Ministerio de Pesca y Agricultura). Por lo general, hay una en cada puerto pesquero de importancia. La Guardia Civil de Costas se ocupa de la aplicación de las leyes.

– Las comandancias de Marina y cofradías de pescadores, donde es posible obtener información sobre normas y reglamentos de pesca, así como las correspondientes licencias.

– Las autoridades autonómicas y las alcaldías de los pueblos costeros (hay también diferentes reglamentos locales, periodos de veda, etc.).

La pesca desde la orilla

Durante un paseo con marea baja podemos descubrir toda clase de peces. Con posar un cedazo en la arena, encontraremos, mezclados con los

ALGUNAS NORMAS PARA RESPETAR

– Si estando la marea baja damos la vuelta a una piedra, debemos colocarla de nuevo en su lugar; si no lo hacemos, todos los organismos que se hayan fijado a ella quedan condenados a una muerte segura.
– Respetemos a los pescadores profesionales: no hay que adentrarse en zonas de cría de moluscos (a menudo también está prohibida la recogida en las inmediaciones).
– Hemos de ser prudentes y desconfiar del mar: las mareas, olas y corrientes pueden ser peligrosas, ya nos movamos a pie, a nado o en una embarcación.

camarones, gobios, peces planos como los lenguados de arena y a veces pequeños peces araña. Entre las hierbas marinas, podremos capturar porredanas, crenilabros, syngnátidos (fusta, alfiler, nerofis), espinacias... Pero es entre las rocas, bajo las piedras o algas, en los charcos de marea, donde encontraremos mayor número de especies: barbadas, peces mantequilla, escorpiones de mar, gobios, blenios, mulas, chafarrocas y también congrios o anguilas, más interesantes en nuestra mesa.

No estará de más que adquiramos un mínimo conocimiento de la biología de los peces, de los fondos marinos y las corrientes. Las técnicas, capturas y reglamentaciones difieren según se trate de pesca desde la orilla o desde una embarcación mar adentro. Todo el equipo debe ser resistente a la corrosión.

Los malecones y escolleras son emplazamientos propicios para la pesca con boya. La caña y el sedal junto con un flotador permiten capturar pequeños peces de litoral (jóvenes maragotas, crenilabros, pequeños espáridos como las chopas) o a los que viven en los puertos (mugílidos, aterinas o pejerreyes). Así suele producirse el contacto de los niños con la pesca.

Para la pesca de lance se necesita una caña provista de carrete; pueden utilizarse señuelos o cebo natural, en el fondo o en la superficie.

La pesca a pie en la playa con marea baja es un placer de las vacaciones.

Reglamentación general de la pesca en el mar

– Puede ser obligatorio obtener una licencia.
– Se puede pescar en desembocaduras y estuarios hasta el límite de las aguas saladas.
– No se permite la venta de las capturas.
– Se han fijado unos tamaños mínimos para los peces capturados que hay que respetar.
– Están prohibidas ciertas artes (nasa, red), algunas en todas partes y otras localmente.
– En general, se limita el número y la naturaleza de las artes a utilizar.
Para obtener más detalles es necesario informarse localmente, ya que algunas reglamentaciones varían según los países y regiones.

Según la modalidad y el emplazamiento escogido, pueden pescarse abadejos, maragotas, congrios o doradas (fondo), mújoles o agujas (superficie), arenques (mar adentro) y robalizas (en la proximidad de las zonas de rompientes), así como infinidad de especies.

El *surf-casting*, que se practica en playas batidas por las olas, permite capturar a los predadores que acuden a cazar a la zona de la rompiente: sollas, doradas y sobre todo lubinas o róbalos, los reyes de este tipo de pesca.

La pesca desde embarcación

Aunque no dispongamos de una embarcación propia, podemos optar por sumarnos a salidas de pesca organizadas.

La pesca de arrastre se practica a poca velocidad, normalmente en superficie o a profundidad media, con señuelos o cebos (pueden ser varios por sedal, como el aparejo usado para los arenques). Las especies capturadas son, generalmente, de mar adentro (arenques, jureles, agujas, en ocasiones, bonitos) y a veces lubinas o abadejos si se arroja el sedal cerca de las rocas. Si se echa el ancla o se deja que la embarcación derive con la corriente, puede practicarse la pesca a la espera, con o sin caña. Dependiendo de la profundidad y el tipo de fondos, pueden llegar a extraerse peces muy diversos: peces planos, rayas, congrios, abadejos y car-

A bordo de un barco

– El propietario debe contar con un título de patrón en regla.
– Están reglamentados el número y naturaleza de los instrumentos de pesca: hay que informarse.
– Conviene verificar el estado del botiquín. El riesgo de sufrir heridas, debido tanto al material empleado como a los peces, es elevado.
– Atención al equipo de seguridad, en especial a las bengalas de socorro y los chalecos salvavidas (uno por persona).

boneros, viejas y doradas, así como serranos y escorpinas en el Mediterráneo.

La pesca de altura se practica, sobre todo en verano, a lo largo del litoral mediterráneo. Se precisa una embarcación potente con un equipamiento excepcionalmente robusto. Los atunes rojos, merlines o tiburones pescados de esta manera resisten a veces varias horas antes de que puedan ser izados a bordo. El momento del pesaje de las piezas cobradas en los concursos veraniegos es una de las raras ocasiones en las que pueden verse grandes atunes o tiburones de cerca.

EL MAR PUEDE SER PELIGROSO

Ya nos desplacemos a pie o en barco, no hay que olvidar que las corrientes, olas y mareas, así como el mal tiempo, pueden sorprender incluso a los más avezados. Hay que informarse sobre los peligros propios de la zona (corrientes, mareas, cambios bruscos de tiempo) y no salir sin conocer la situación meteorológica. Es prudente (sobre todo para las embarcaciones) avisar a alguien del lugar (aunque sea aproximado) al que se va a pescar.

La pesca profesional

En muchos puertos de pesca se puede asistir a la operación de desembarco del pescado y, a veces, ser admitido a bordo de una embarcación para una jornada de pesca. Hay barcos que salen durante el tiempo que dura la marea: parten con la marea alta y regresan unas diez horas más tarde. Si el patrón de un barco nos acepta, tendremos que hacernos cargo de nuestra comida y participar, sin estorbar, en las tareas de a bordo (en la selección del pescado, por ejemplo). Estas jornadas de pesca son buenas ocasiones para conocer más a los peces, las técnicas de captura y el trabajo de los hombres. Además, no es raro desembarcar con «nuestra parte» de la pesca a cuestas.

El método más corriente para la captura son las redes de deriva y de fondo: el 65% del pescado capturado en el mundo se cobra mediante este sistema. La barredera o red de arrastre es una gran bolsa, que se arrastra por el fondo o a la deriva; las más grandes llegan a recoger varias toneladas de peces. Cada patrón de pesca tiene sus lugares preferidos, igual que el pescador de caña. Algunas especies son abundantes, mientras que otras son escasas. Hay peces que se desechan («falso pescado»), por carecer de valor comercial.

En el Mediterráneo, el atún rojo, la anchoa y la sardina se pescan con buitrón o traíña. Se trata de una gran red vertical colocada en círculo rodeando los bancos de peces. Por la parte de abajo se desliza un cable de cerco que cierra la red como una enorme bolsa. A continuación, se iza al barco. En algunas regiones se emplean también redes alargadas con relingas flotantes o lastradas al fondo. Tanto en la red única como en el arte de pesca llamado trasmallo, que consta de tres mallas paralelas con diferentes calibres, el pescado queda atrapado por las agallas. Liberar después a los peces en el puente del barco es a veces tarea pesada.

En ciertos países existen aún palangreros, barcos que lanzan un ramal principal (el palangre) provisto de ramales secundarios con gruesos anzuelos. Un palangre puede medir centenares de metros e incluir otros tantos anzuelos. Esta técnica, que cada vez se emplea menos, permite capturar piezas importantes: tiburones, rayas, congrios, marucas, pero también merlanes y doradas.

Además, existen variantes de estos métodos en las diferentes regiones costeras e incluso otras técnicas locales. No nos faltarán las ocasiones de presenciar diversos tipos de pesca, tanto industriales como artesanales.

Las subastas y las lonjas de pescado

En las subastas públicas pueden verse los peces «comerciales» originarios de la región. El acceso a los muelles donde se descarga el pescado es, por lo general, libre. En cambio, la lonja de contratación del pescado, donde se realizan las subastas y pujas, suele estar prohibida al público. A veces se pueden presenciar las pujas, cuyo funcionamiento resulta con

El pescado que llega fresco a las lonjas nos permite familiarizarnos con numerosas especies (en la foto, anchoas).

frecuencia incomprensible sin una explicación previa. Las numerosas especies desembarcadas (a menudo aún vivas), el ruido, las conversaciones y el olor crean un variado espectáculo colorista que merece la pena contemplar. Si bien los pescadores estarán muy ocupados en el momento de la descarga y la venta del pescado (habrá que estar atentos para no estorbar), no se negarán a contarnos algunas historias sobre su oficio ante un vaso de vino en el bar más próximo. Es un excelente medio para trabar conocimiento y, por qué no, para embarcarse con ellos al día siguiente. Los peces prosiguen su circuito comercial con su llegada a los mostradores de los mercados de pescado. En las comunidades del litoral, éstos reflejan la producción local. Dispuestas muchas veces en el suelo, pueden verse especies procedentes de diversas regiones y, a veces, de otros países (norte de Europa, África subtropical...).

La piscicultura marina

Al contrario de lo que sucede con la de la trucha, la cría de peces marinos está aún poco desarrollada. No obstante, existen granjas marinas en las que se crían barbos y salmones (así como truchas arcoiris, a las que se hace engordar en el mar hasta que sobrepasan el tamaño habitual de la pieza de ración). También se crían en mayor o menor número el rodaballo y la dorada. Hay que señalar, por otra parte, que el esturión está siendo objeto de pruebas con resultados muy prometedores (exclusivamente en agua dulce).

Gracias a las técnicas implementadas por los centros de investigación, se provoca la puesta de los peces, a menudo fuera de su periodo natural de reproducción, en desovaderos.

La crianza de larvas y juveniles es bastante delicada y exige muchas atenciones por parte del criador. El engorde posterior hasta que los peces alcanzan el tamaño comercial es un poco más fácil; se realiza en embalses en tierra o en jaulas en el mar.

Las granjas acuícolas marinas son empresas privadas y no siempre permiten las visitas a sus instalaciones.

Un aspecto característico de la piscicultura marina es que no tiene como objetivo competir con la pesca, sino complementarla.

Como en el caso de las piscifactorías de agua dulce, las marinas suministran durante todo el año peces de tamaño adecuado, respondiendo así a una demanda que la pesca no puede satisfacer siempre.

Caza y pesca submarinas

La mejor manera de observar a los peces es, sin duda, ir a su encuentro bajo el agua. Unas gafas y un tubo bastan para descubrir los innumerables peces de los litorales bajo la superficie. Con un poco de entrena-

Un submarinista ha descubierto una gallineta *(Scorpaena porcus)*.

miento, es posible descender a unos cuantos metros para verlos más de cerca (las aletas de natación son en tal caso muy útiles). Sólo nos faltará un fusil para convertirnos en cazadores submarinos. No obstante, los placeres de la caza no deben hacernos olvidar los de la observación (muchos peces resultan más agradables a la vista que al paladar).

La utilización de botellas permite extender la visita al mundo submarino hasta una profundidad de 20 o 30 m (las inmersiones a mayor profundidad están reservadas a los submarinistas experimentados). Sin duda, es en las zonas rocosas donde el submarinista descubre mejor la

El submarinismo

Aunque no exista una ley que restrinja el derecho a practicar el submarinismo, es desaconsejable –y peligroso– sumergirse sin una formación previa o en un lugar que no sea el adecuado. Este deporte, prácticamente al alcance de todos, debe ajustarse a unas estrictas normas de seguridad. El no respetarlas puede costar la vida a los imprudentes. Son muchos los clubes de submarinismo que permiten, mediante un entrenamiento en piscina, adquirir los conocimientos y la práctica indispensables. En zonas costeras encontraremos con toda seguridad centros de submarinismo para practicar este deporte de manera segura. Es recomendable no sumergirse nunca solo.

REGLAMENTACIÓN DE LA PESCA SUBMARINA

– La pesca submarina se practica exclusivamente a pulmón libre (está prohibido tener en una misma embarcación botellas y fusiles submarinos) a partir de los 16 años.
– La práctica de este deporte requiere un permiso, facilitado por las autoridades pertinentes. La pertenencia a un club federado exime, dependiendo de los países, de dicho permiso.
– Deberemos recabar en cada lugar la información sobre las zonas vedadas.
– Cuidado: no hay que descender demasiado (aproximadamente 10 m) sin un entrenamiento en condiciones. Nos arriesgamos a sufrir un síncope.
– Por último, una regla ética: no cobrar más piezas de las que vayamos a consumir.

riqueza del mundo submarino y la variedad de los peces, desde los más grandes (espáridos, gádidos, lábridos), a los más pequeños, en ocasiones difíciles de descubrir (blénidos, góbidos). No obstante, no hay que dudar en sumergirse entre la vegetación e incluso en zonas de fondo arenoso. Allí descubriremos una vida insospechada siempre que le dediquemos algo de tiempo: es una de las reglas de oro para descubrir la naturaleza.

Las especies

Pintarroja

Scyliorhinus canicula Scyliorhinidae (Esciliorrínidos)

Nombres: c: gatvaire denticulat; **e:** katuarrai; **g:** melgacho.

No agresiva, se comercializa a menudo como cazón. Es un tiburón frecuente en acuarios públicos.

• **DESCRIPCIÓN:** Esta especie tiene el cuerpo largo y bastante fino. El hocico es corto y redondeado y los ojos alargados. Los flancos están salpicados de numerosas manchas negruzcas o pardas y el dorso es de un color que va del marrón al gris amarillento. El vientre es gris claro o amarillento. Los ejemplares jóvenes poseen de 6 a 7 bandas transversales oscuras. El adulto llega a alcanzar un tamaño de 90 cm.

• **HÁBITAT:** La pintarroja vive en fondos de arena o grava hasta una profundidad aproximada de 100 m, en ocasiones hasta 400 m. También se la puede encontrar entre dos aguas.

• **COMPORTAMIENTO:** Este pequeño tiburón vive en grupo y es poco activo durante el día. Comienza a agitarse con la llegada de la noche y sale a cazar sus presas desplazándose mediante lentas ondulaciones de su cuerpo.

• **ALIMENTACIÓN:** Se compone básicamente de moluscos del fondo, pero también de pequeños crustáceos y peces.

• **REPRODUCCIÓN:** Los adultos alcanzan la madurez cuando miden cerca de 60 cm. El acoplamiento tiene lugar en aguas profundas: el macho se enrolla en torno al cuerpo de la hembra para practicar la fecundación interna gracias a dos órganos copuladores situados al nivel de la aleta anal. Las hembras ponen hasta un centenar de huevos a lo largo del año. Éstos, que miden de 4,5 a 6 cm, se enganchan a las algas o gorgonas mediante filamentos córneos.

DIFERENCIAS ENTRE LA PINTARROJA Y EL ALITÁN

	2.ª aleta dorsal	Manchas	Válvulas nasales
Pintarroja	detrás de la anal	puntos regulares	contiguas 
Alitán	encima de la anal	grandes e irregulares	separadas 

UN HUEVO CURIOSO

La pintarroja deposita una especie de cápsula córnea que contiene el huevo propiamente dicho: una masa de reservas nutritivas (equivalente a la yema del huevo de un ave) sobre la que se desarrolla el embrión. Una vez diferenciado éste, desarrolla branquias externas, una ramificación de filamentos color rojo sangre que sólo se reabsorben unas semanas antes de la eclosión. En el transcurso de la incubación (que dura de 4 a 9 meses según la temperatura), el extremo de la cápsula se entreabre; el embrión termina su desarrollo bañado en agua marina. En el momento de su nacimiento, el alevín mide aproximadamente 10 cm.

• **PESCA:** Las especies de la familia de los Esciliorrínidos son fondícolas y se pescan principalmente con red barredera. La pintarroja, mucho más numerosa, frecuenta sobre todo los fondos blandos (que son también las zonas más barridas) y es con mucho la más abundante en las capturas. Una vez que se le quitan la cabeza y la piel, este pez se vende con el nombre de cazón y el aspecto rosado y ligeramente sanguinolento de la carne es indicador de su frescura.

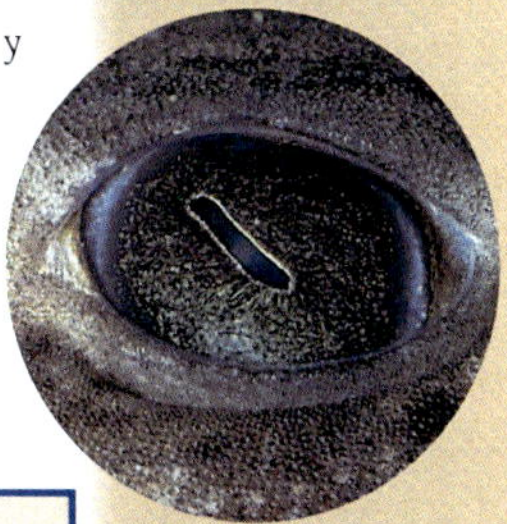

La pupila del ojo de la pintarroja se reduce a una simple ranura durante el día, pero se abre del todo durante la noche.

EL ALITÁN

Nombres: c: gatvaire denticulat; **e:** katuarrai; **g:** melgacho.

El alitán *(Scyliorhinus stellaris)* se distingue de la pintarroja por su hocico más redondeado y sobre todo por las manchas pardas, más grandes y dispersas. Vive a menor profundidad y tiene también costumbres nocturnas. Sus huevos miden 10-13 cm y eclosionan al cabo de 9 meses de incubación. Al nacer, la larva mide 16 cm; de adulto puede llegar a medir 1,9 m.

Musola lisa

Mustelus mustelus Triakidae (Musolas)

Nombres: c: musola vera; **e:** toi liso; **g:** canexa.

Pequeño tiburón bastante común e inofensivo. A veces lo atrapan las redes de barrido.

• **DESCRIPCIÓN:** La musola tiene un cuerpo muy fusiforme y el hocico puntiagudo. La aleta caudal presenta una muesca. El dorso suele ser gris, los costados más claros y el vientre blanquecino. Una especie emparentada, la musola estrellada o cazón blanco (*Mustelus asterias*), tiene manchitas blancas en el dorso. Ambas miden hasta 1,5 m.
• **HÁBITAT:** Frecuenta las aguas costeras hasta los 100 m de profundidad y prefiere los fondos blandos. No se la observa nunca en grandes concentraciones.

• **ALIMENTACIÓN:** Se alimenta de pequeños animales del fondo –principalmente crustáceos y moluscos– que caza de noche.
• **REPRODUCCIÓN:** Es un pez vivíparo. A partir del momento en que alcanza los 80 cm de tamaño, la hembra lleva a cabo una gestación de 10 meses y da a luz en primavera a unas 20 crías, que miden alrededor de 30 cm.
• **PESCA:** La pesca comercial es de poca importancia, ya que esta especie sólo se consume localmente.

Armada de dientes cortos y fuertes, la boca de la musola es una especie de muela hecha para machacar conchas y caparazones.

Mielga

Squalus acanthias Squalidae (Escuálidos)

Nombres: c: agullat ver; **e:** mielka pikart; **g:** melga.

Pequeño tiburón muy común, que puede verse en las subastas públicas de las lonjas del litoral atlántico.

• **DESCRIPCIÓN:** La mielga tiene la forma típica de un tiburón y carece de aleta anal. Delante de cada dorsal lleva una espina de menor altura que la aleta. La caudal no está escotada. El dorso es pardo grisáceo, con costados más claros y vientre blanquecino. Los individuos más jóvenes lucen manchas blancas irregulares en el dorso y los flancos. Una especie emparentada, *Squalus blainvillei*, es más meridional y se reconoce por sus espinas dorsales, al menos tan altas como las aletas.

• **HÁBITAT:** Vive en bancos que pueden llegar a ser grandes, preferentemente cerca de fondos blandos (a veces hasta a 1.000 m de profundidad). Frecuenta aguas más bien frías. Bastante errática, a veces se aproxima a las costas.

Los científicos han descubierto que realiza migraciones estacionales que alcanzan en ocasiones los 5.000 km. Paradójicamemte para una especie con tanta movilidad, las mielgas del Atlántico Norte se dividen en cuatro poblaciones cuyas rutas migratorias no se cruzan.

• **ALIMENTACIÓN:** Compuesta básicamente por peces, lo mismo que por moluscos y crustáceos.

• **REPRODUCCIÓN:** Los machos maduran a partir de los 5 años (60-70 cm aproximadamente) y las hembras lo hacen hacia los 8 (75-95 cm). En esta especie vivípara, la gestación dura cerca de 2 años (18 a 22 meses). Los nacimientos tienen lugar en invierno, cerca de las costas. Generalmente, nacen de 3 a 10 crías, que miden entre 20 y 33 cm.

• **PESCA:** La mielga se pesca con red barredera y palangre (en particular, en arrastre de fondo). Su tardía madurez, la duración excepcionalmente larga de la gestación y el escaso número de crías hacen que esta especie sea particularmente vulnerable. En la actualidad, la sobreexplotación de esta especie es motivo de inquietud. Mientras que en la década de 1970 se capturaban de 5.000 a 7.000 t anuales, en 1990 las capturas habían descendido por debajo de las 2.000 t.

Pez ángel

Squatina squatina Squatinidae (Peces ángel)

Nombres: c: angelot comú; **e:** aingeru goardako; **g:** peixe anxo.

Forma intermedia entre las rayas y los tiburones, puede observarse a veces mientras se bucea.

• **Descripción:** Cuerpo muy plano, con la cabeza ancha y el hocico corto. Las aletas pectorales no están soldadas al cuerpo (al contrario que en las rayas) y las dos dorsales están situadas en la parte caudal. El dorso es de color parduzco o verdoso, salpicado de manchas y jaspeados oscuros. Tamaño máximo de 2,5 m para un peso de 80 kg.

• **Hábitat:** El ángel de mar frecuenta las zonas litorales arenosas o limosas hasta 100 m de profundidad, donde permanece a menudo medio enterrado. Penetra a veces en los estuarios.

• **Alimentación:** Sus alimentos principales son los pececillos del fondo, moluscos y crustáceos.

• **Reproducción:** Las hembras del pez ángel se acercan hasta zonas costeras poco profundas –a comienzos de la primavera en el Mediterráneo y durante el verano en el Atlántico– para dar a luz de 10 a 25 crías, que miden alrededor de 30 cm.

La mantarraya

Las mantarrayas *(Rhinobatos* sp.) son parientes próximos de las rayas. Al contrario que los ángeles de mar, sus aletas pectorales están soldadas al cuerpo y los orificios branquiales se sitúan en la cara ventral. También se distinguen por el hocico, plano y puntiagudo, y por las dorsales dobladas. Las dos especies presentes en el Mediterráneo viven en las costas arenosas y alcanzan de 1 m a 1,8 m de longitud.

Tembladera

Torpedo marmorata Torpedinidae (Tembladeras)

Nombres: c: tremolosa marbrada; **e:** ikaraio arrunt; **g:** raia tremedeira.

Se puede encontrar en aguas costeras poco profundas. Si se pisa una accidentalmente, emite una descarga de hasta 45 voltios, muy desagradable, pero no demasiado peligrosa.

• **DESCRIPCIÓN:** Cuerpo en forma de disco, engrosado en los costados y la parte posterior de la cabeza, donde se sitúan los órganos eléctricos. Color pardo con jaspeado característico. Tamaño: 80 cm.

Al contrario que otras rayas, las tembladeras se impulsan mediante golpes de la cola, que está muy desarrollada.

• **HÁBITAT:** Suelos arenosos o cenagosos, rara vez a más de 20 m de profundidad, en los que permanece parcialmente enterrada durante el día.
• **ALIMENTACIÓN:** Se alimenta durante la noche, principalmente de pequeños animales del fondo (crustáceos, moluscos, peces). Paraliza a sus presas con descargas eléctricas.
• **REPRODUCCIÓN:** Tras una gestación de 6 a 12 meses, según las regiones, la hembra, vivípara, trae al mundo a unas 10 crías que miden 9 cm de longitud (desde otoño a primavera en el Atlántico, en otoño en el Mediterráneo).

Raya boca de rosa

Raja brachyura Rajidae

Las rayas se encuentran hoy en criaderos y pescaderías. Sus aletas pectorales, cortadas y desolladas, se venden bajo el nombre de alas de raya.

- **DESCRIPCIÓN:** Hay muchas especies de rayas, a menudo difíciles de diferenciar. En la raya boca de rosa, las aletas pectorales (o «alas») forman un ángulo agudo y el hocico posee un rostro corto. Mide como máximo 1,2 m, para un peso de unos 12 kg.
- **HÁBITAT:** Vive en fondos pedregosos o de arena gruesa, a menudo junto a zonas rocosas. Rara vez vive por debajo de los 100 m y los jóvenes están a menor profundidad que los adultos.
- **ALIMENTACIÓN:** Animales del fondo: peces, crustáceos y moluscos.
- **REPRODUCCIÓN:** La hembra pone hasta 30 huevos (10 cm de largo por 5 a 6 de ancho) en primavera y comienzos del verano. Los huevos, córneos y más o menos rectangulares, poseen filamentos en los vértices y tardan unos 7 meses en desarrollarse.
- **PESCA:** Esta raya se pesca esencialmente con palangres (aparejos de fondo) y alguna vez al arrastre. Se captura sobre todo en la zona oeste de Irlanda y en Bretaña.

Las ornamentaciones del ojo sirven para camuflar la pupila oscura.

Esta raya joven ha aparecido a poca profundidad en el Mediterráneo.

Noriega

Raja batis Rajidae

Antaño corriente en los criaderos y las pescaderías, esta raya de gran tamaño ha empezado a escasear.

• **DESCRIPCIÓN:** Las especies de noriegas son rayas de gran tamaño y hocico largo y puntiagudo (rostro), con aletas pectorales que forman un ángulo agudo. Puede medir 2,5 m y pesar más de 150 kg.
• **HÁBITAT:** Parece preferir los suelos cenagosos y arenosos hasta los 200 m de profundidad. Los jóvenes viven a menos profundidad (hasta los 30 m).
• **ALIMENTACIÓN:** Los jóvenes se alimentan de crustáceos; los adultos de diversos peces (gádidos, clupeidos, peces planos).
• **REPRODUCCIÓN:** Alcanza la madurez sexual con el tamaño de 1,25 m (a alrededor de los 11 años). La hembra pone huevos grandes (hasta 24 x 13 cm) en otoño y en invierno en el Atlántico, en primavera y verano en el Mediterráneo. La eclosión se produce en un máximo de 5 meses, dependiendo de la temperatura.
• **PESCA:** Esta especie se pesca a gran profundidad (150-300 m), habitualmente al arrastre, a veces con palangre. Como otras grandes rayas, ha sido sobreexplotada en aguas europeas; un ejemplo: hasta 1977 se pescaban 3 a 4.000 t en las costas francesas, frente a sólo 200 t en 1994...

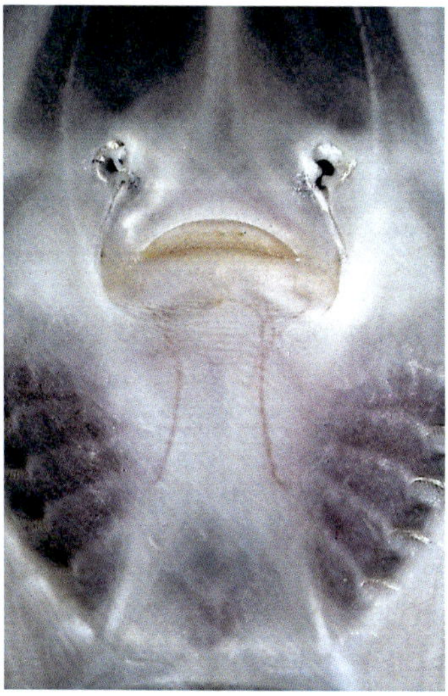

En esta vista ventral se ven los cinco pares de hendiduras branquiales, la boca con dientes moledores y los orificios nasales.

Raya de clavos

Raja clavata — Rajidae (Rayas)

Nombres: c: rajada clavellada; **e:** arrai gastaka; **g:** raia espiñuda.

Es la especie más común de raya y la más apreciada por los consumidores.

• **DESCRIPCIÓN:** Debe su nombre a las fuertes espinas curvadas (similares a las de un rosal) repartidas por su dorso; no obstante, puede carecer de ellas. La coloración varía mucho; a veces presenta ocelos, pero su mejor signo distintivos son los dibujos de la cola en forma de anillo. Puede superar 1 m.

• **HÁBITAT:** Frecuenta todo tipo de fondos planos, blandos o duros, desde la costa a 300 m de profundidad (algo más en el Mediterráneo). A menudo se entierra en la arena y sólo son visibles los ojos y las ventanas de la nariz.

• **ALIMENTACIÓN:** Los jóvenes comen sobre todo crustáceos, mientras que los adultos añaden a esta dieta gusanos y peces fondícolas. Curiosamente, los machos tienen los dientes más puntiagudos que las hembras y son algo más piscívoros.

• **REPRODUCCIÓN:** En el transcurso de un año, una hembra pone de 70 a 170 huevos de 6 a 9 cm de longitud; en el momento del nacimiento, las crías miden entre 8 y 10 cm.

HUEVOS DE RAYAS

Los huevos de las especies del género *Raja* tienen forma de cápsula rectangular con las puntas en forma de «cuernos». La incubación dura de 2 a 6 meses, según las especies y, claro está, la temperatura. Como en el caso de la pintarroja, el embrión se desarrolla a partir de una bolsa de reservas vitelinas, aunque pronto adquiere la forma de raya, incluso antes de que los filamentos rojos de las branquias externas comiencen a reabsorberse anunciando la proximidad de la eclosión.

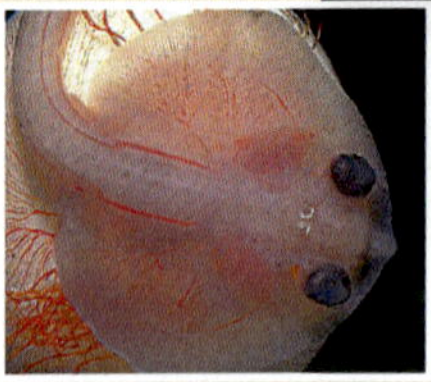

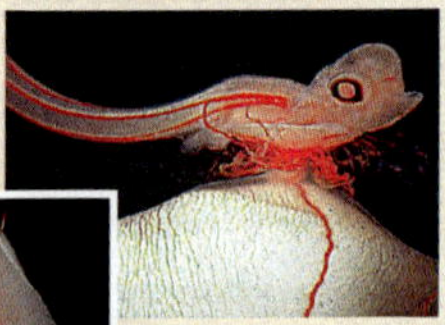

Pastinaca común

Dasyatis pastinaca Dasyatidae (Pastinacas)

Nombres: c: escurçana comuna; **e:** bastanga arrunt.

Pica a veces con anzuelo cerca de la costa. Posee en la cola uno o varios aguijones cuyo veneno produce parálisis local.

• **DESCRIPCIÓN:** La pastinaca tiene el cuerpo de forma romboidal, aplanado en sentido dorso-ventral, y su hocico es ligeramente puntiagudo. No posee aletas dorsales ni anal. En el primer tercio de la larga y fina cola lleva uno o varios aguijones venenosos dispuestos en forma de dientes de sierra. La coloración del dorso varía del gris oscuro al pardo amarillento. Alcanza un tamaño máximo de 2,5 m.

• **HÁBITAT:** Aguas litorales poco profundas (hasta unos 60 m) sobre fondos blandos; está presente a veces en los estuarios. Nada con elegancia entre dos aguas.

• **ALIMENTACIÓN:** Los individuos jóvenes comen crustáceos y moluscos; los adultos, además, peces y cefalópodos. Las pastinacas comen menos durante el invierno.

• **REPRODUCCIÓN:** La hembra, vivípara, se acerca a la costa para parir durante el verano. La gestación dura 4 meses y las crías, poco numerosas, miden de 10 a 12 cm de longitud.

EL ÁGUILA MARINA

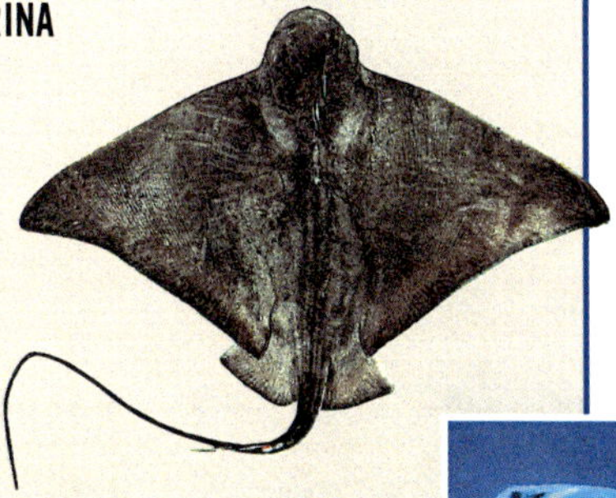

Se reconoce al águila marina *(Myliobatis aquila)* por su cabeza bien diferenciada y los ojos situados a los costados. Vive en mar abierto, aunque a veces se posa en el fondo. Se desplaza batiendo sus «alas». Como la pastinaca, tiene un aguijón venenoso en la base de su larga cola filiforme. Esta especie vivípara se reproduce cerca de las costas. Alcanza los 2 m de largo.

Esturión

Acipenser sturio Acipenseridae (Esturiones)

Nombres: c: esturió comú; **e:** gaizkata; **g:** sollo rei.

Escaso y protegido. Una especie emparentada, originaria de Rusia, está siendo objeto de una crianza prometedora.

• **DESCRIPCIÓN:** Cuerpo alargado, hocico proyectado como una trompa y boca ventral. Delante de ésta se encuentran 4 barbillones sensitivos que sirven para dectectar el alimento. La cola es disimétrica (como la de los tiburones) y los costados están recubiertos de placas óseas. El tamaño máximo del esturión es de 3,5 m para 150 kg de peso.

• **HÁBITAT Y MIGRACIÓN:** Tras unos meses en el medio dulceacuícola, en el que nacen, se establecen en los estuarios durante tres años y luego se dirigen al mar. Los adultos regresan para desovar en agua dulce.

EL CAVIAR

Está compuesto por los huevos del esturión. Una hembra de esturión europeo de 100 kg proporciona 12 kg de caviar. Actualmente, el caviar consumido en Europa procede en su mayor parte de Rusia e Irán. Lo producen tres especies diferentes de esturión del mar Caspio. Dependiendo de la especie y de su preparación, el caviar goza de mayor o menor reputación. El más apreciado es el beluga, nombre común con el que se conoce a la especie de la que se obtiene.

Beluga

En la imagen, uno de los raros esturiones capturados en las costas francesas en el último decenio y fotografiado en el Museo del Mar de Biarritz antes de ser liberado nuevamente.

• **ALIMENTACIÓN:** El esturión remueve la arena con ayuda de su hocico para alimentarse de pequeños invertebrados. Los adultos dejan de alimentarse cuando remontan los cursos de agua dulce para la puesta.

• **REPRODUCCIÓN:** Los machos maduran a partir de los 7 años, cuando alcanzan un tamaño de 1,1 m; las hembras entre los 8 y los 14, cuando miden entre 1,2 y 1,8 m. La puesta tiene lugar en primavera (hasta de varios millones de huevos según el tamaño) sobre un lecho de grava. La eclosión se produce 7 días más tarde; al nacer, los alevines miden 9 mm. Los adultos regresan entonces al mar. Su crecimiento es muy rápido y puede vivir 100 años.

El esturión tiene cuatro barbillones sensoriales delante de la boca, situada en posición ventral.

• **PROTECCIÓN Y CRÍA:** Las capturas de este pez disminuyeron a partir de la I Guerra Mundial. La desaparición progresiva del esturión se debe a una pesca demasiado intensiva, a la construcción de barreras (que impiden a los progenitores remontar los ríos para la puesta), a la destrucción de los lugares de freza y a la contaminación. Estos hechos han obligado a adoptar un programa de protección con medidas como la prohibición de su pesca, la recuperación de los puntos donde deposita la freza o colocación de «pasos» en los diques y presas. De modo paralelo, se han llevado a cabo ensayos de cría. Los resultados no fueron demasiado alentadores. Por este motivo, algunos países han «importado» esturiones de la antigua Unión Soviética (*Acipenser baeri*). Esta última especie pasa toda su vida en agua dulce. Los esturiones de crianza alcanzan alrededor de 50 cm en 2 años. Se destinan a la producción de carne, de excelente calidad y que recuerda a la de la ternera, pero no a la producción de caviar.

¿Quedan esturiones en otras partes?
Quedan poblaciones residuales del esturión europeo en la Gironda francesa, en el delta del Guadalquivir en España y sobre todo en el Mar Negro (donde también están protegidos). Este mar acoge otras tres especies, entre ellas el famoso beluga *(Huso huso)*, el gigante de la familia de los esturiones, ¡que alcanza un tamaño máximo de 4 m y un peso de 600 kg! Otra especie seriamente amenazada es el esturión adriático *(Acipenser nacarii)*.

Anguila

Anguilla anguilla Anguillidae (Anguilas)

Nombres: c: anguila; **e:** aingira; **g:** anguía.

Se pesca con anzuelo o al copo en las costas o en los estuarios. Las crías, incoloras, conocidas como angulas, constituyen un codiciado manjar y se explotan activamente.

• **DESCRIPCIÓN:** La anguila tiene un cuerpo serpentiforme característico. Su piel carece de escamas y está cubierta por una abundante mucosidad. La cabeza y los ojos son pequeños. Su coloración varía durante su desarrollo. Los adultos viven en agua dulce y tienen el dorso de color pardo más o menos intenso y el vientre blanquecino. Miden hasta 1,5 m para 3 kg de peso y pueden vivir más de 25 años.

• **HÁBITAT:** Las angulas viven en los estuarios y los adultos principalmente en agua dulce. Son capaces de realizar cortos desplazamientos fuera del agua en zonas húmedas. En ese momento respiran directamente a través de la piel. Una vez que maduran, las anguilas nadan hasta el mar para reproducirse.

No todas las anguilas remontan los ríos. Algunas, en particular los machos, pasan toda su vida en el mar.

• **ALIMENTACIÓN:** Principalmente, invertebrados del fondo (larvas de insectos, crustáceos). No se alimenta en invierno ni cuando es de color plateado.

• **REPRODUCCIÓN:** Es muy especial. Una vez que maduran (9 años de media para los machos, 12 años para las hembras), experimentan transformaciones, sobre todo en la coloración: el dorso se vuelve negro y el vientre plateado (an-

METAMORFOSIS DE LA ANGUILA

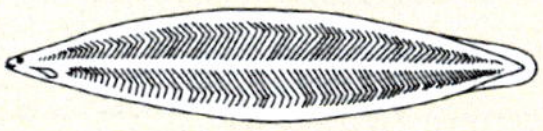

Leptocéfalo

En el momento de su nacimiento, la larva de anguila recibe el nombre de leptocéfalo. Es transparente, de forma oval alargada y mide entre 5 y 15 mm. Llega a medir 75 mm antes de transformarse en angula, que es más pequeña (60 mm) y recuerda ya mucho la forma del adulto.

guila plateada). Dejan de alimentarse y llegan al mar en septiembre-octubre. Se reproducen de enero a marzo, a lo largo de la costa este de Estados Unidos (Bermudas, mar de los Sargazos), en mar abierto. Las larvas emigran hacia Europa, donde se transforman en angulas, jóvenes anguilas incoloras, que recuerdan ya a los adultos. Colonizan los estuarios, adquieren el colorido propio de esta especie (anguila amarilla) y remontan los cursos de agua dulce.

• **MIGRACIONES:** Cuando acuden a reproducirse al mar, las anguilas recorren miles de kilómetros (varias decenas de ellos al día). Para orientarse, se sirven de las débiles corrientes eléctricas producidas por el magnetismo terrestre y la salinidad del agua. Tras su nacimiento, las larvas realizan el trayecto inverso en varios años (3 máximo), dejándose llevar por las corrientes (como la del Golfo) o nadando de forma activa, según han demostrado recientes estudios.

Congrio

Morena

Anguila

DIFERENCIAS ENTRE CONGRIO, ANGUILA Y MORENA

	Aletas pectorales	Inserción de la dorsal	
Congrio	sí	al nivel de las pectorales	
Anguila	sí	detrás de las pectorales	
Morena	no	delante de las branquias	

Congrio

Conger conger Congridae (Congrios)

Nombres: c: congre ver; **e:** itsas aingira; **g:** anguiacho (jóvenes).

Frecuenta las grutas y restos de naufragios, donde se le descubre a veces cuando se practica la inmersión autónoma.

• **DESCRIPCIÓN:** Tiene un cuerpo fuerte y serpentiforme. Las aletas dorsal, caudal y anal son continuas. El ojo es grande y la mandíbula superior ligeramente prominente. El dorso y los flancos son de color pardo grisáceo y el vientre blanco. El tamaño máximo es de 2,5 m. En ocasiones supera los 20 kg y llega a alcanzar (raramente) los 50.

• **HÁBITAT:** Cerca de costas rocosas y en barcos hundidos, hasta 100 m de profundidad, a veces más. Permanece más o menos oculto durante el día y sale de noche para cazar. Es un pez solitario.

• **ALIMENTACIÓN:** Es un carnívoro voraz. Sus mandíbulas están provistas de una fila exterior de incisivos muy afilados que forman un borde cortante. La parte superior y la inferior de la cavidad bucal cuentan con robustos dientes de forma cónica. Esta dentición, relativamente polivalente, le permite atacar a una gran variedad de presas, ante todo, peces, a los que captura de noche mientras duermen en el fondo, pero también crustáceos, cuyo caparazón parte con sus poderosas mandíbulas. Le gustan además los grandes cefalópodos, en particular los pulpos: es capaz de arrancar un tentáculo mordiendolo con firmeza y haciéndolo girar varias veces sobre su eje hasta partirlo.

PESCA DEPORTIVA

El congrio se pesca con caña en las inmediaciones de zonas rocosas, malecones, barcos encallados o desde la playa. Es una captura muy buscada por los aficionados a la pesca deportiva, porque es un pez luchador que se defiende con energía. También es una presa codiciada por los submarinistas. Su mordedura es temible. La carne, un poco grasa, es bastante apreciada. La parte posterior del cuerpo es difícil de consumir debido a sus muchas espinas.

• **REPRODUCCIÓN:** Aunque no acudan como las anguilas hasta el lejano mar de los Sargazos, los congrios efectúan migraciones para reproducirse en verano, en alta mar, por encima de los grandes fondos de 2.000 a 4.000 m. Se conocen al menos dos zonas de puesta para los congrios europeos: una en el Mediterráneo y otra entre Gibraltar y las Azores. La migración prenupcial dura varios meses (¡puede que entre 8 y 10!). En el curso de la misma, el congrio experimenta profundas modificaciones, ya que todos sus recursos energéticos se movilizan para producir gametos (células sexuales). Así, la degeneración de algunos órganos (atrofia del tubo digestivo, caída de los dientes, descalcificación ósea, etc.) va acompañada por la hinchazón del abdomen y un desarrollo considerable de los testículos u ovarios, que llegan a alcanzar un tercio del peso del animal. Una hembra puede poner hasta 8 millones de huevos minúsculos; los progenitores mueren después de haberse reproducido. En el momento de la eclosión, la larva translúcida tiene forma de hoja (de ahí el nombre de leptocéfalo). Pronto se dejará llevar por las corrientes durante uno o dos años y al acercarse a las costas, cuando mide alrededor de unos 15 cm, experimenta la metamorfosis. Los jóvenes viven pacíficamente en los litorales.

Este congrio de aspecto abotargado muestra los signos de degeneración física que acompañan a la maduración sexual.

Los jóvenes y esbeltos congrios tienen una franja negra en las aletas dorsal y anal.

Morena

Muraena helena Muraenidae (Morenas)

Nombres: g: morea, moreia.

Es una de las estrellas de los acuarios públicos; también es un animal muy buscado por los submarinistas.

• **DESCRIPCIÓN:** La morena es un pez serpentiforme, sin escamas ni aletas pectorales. La boca está hendida hasta el ojo y el orificio branquial es pequeño y redondo. El color habitual es pardo o gris, jaspeado de amarillo o blanco; los individuos jóvenes tienen colores más contrastados. Tamaño: 1,3 a 1,5 m.

• **HÁBITAT:** La morena habita sobre todo los fondos rocosos, desde los superficiales hasta los situados a más de 100 m de profundidad. Frecuenta también los barcos hundidos, que le proporcionan numerosos escondites. Durante el día se oculta en una cavidad de la que únicamente asoma la cabeza. Sólo cuando llega el crepúsculo se pone en movimiento y sale de su cueva.

• **ALIMENTACIÓN:** Se alimenta principalmente de noche. Localiza a sus presas gracias al olfato: sus largas narinas tubulares le permiten orientarse con precisión. Ataca en particular a los peces muertos o heridos, pero siente debilidad por los pulpos. Si encuentra uno demasiado grande para poder engullirlo, utiliza un curioso método para comer sus tentáculos: atrapa con la boca uno de los tentáculos y a continuación forma un nudo con su cuerpo, nudo que se desliza hasta la cabeza y con un retroceso violento logra arrancar el tentáculo.

• **REPRODUCCIÓN:** La reproducción de la morena es poco conocida. Se sabe que pone huevos muy gruesos (5 mm aproximadamente), al parecer durante el verano, probablemente en enclaves profundos cerca de las costas. Sabemos también que, como en el caso de la anguila y el congrio, las larvas son leptocéfalas. Nunca se ha observado una cría de morena de menos de 20 cm.

En el Mediterráneo, las morenas aceptan en su guarida a curiosos inquilinos. Estas gambas rojas *(Lysmata seticaudata)* se encargan de limpiar de impurezas y parásitos la piel de la morena y se atreven a adentrarse incluso entre los dientes de su anfitrión.

LA MORENA CHOCOLATE

La morena chocolate *(Gymnothorax unicolor)* es una especie mucho menos frecuente que la morena común. Es de un color pardo rojizo uniforme y llega a medir 1 m. Se cree que habita en fondos rocosos y bastante profundos.

¿Peligrosa?
Los romanos contribuyeron en gran medida a la fama de feroces que tienen las morenas: parece que algunos tenían la costumbre de convertir en alimento para estos peces a los esclavos que cometían una falta. En realidad, la morena sólo es peligrosa si está acorralada o herida. Hay que tener mucho cuidado si se la arponea (hay que tirar siempre cerca de la cabeza) o si se la «acosa» demasiado (las morenas alimentadas por los buceadores muerden a veces sin razón aparente). La mordedura no es venenosa, pero la herida puede infectarse con facilidad. En tal caso se requiere desinfectarla cuidadosamente.

Boquerón

Engraulis encrasicolus Engraulidae (Anchoas)

Nombres: c: anxova; **e:** bokarta; **g:** bocarte.

Pez muy corriente, desembarcado con frecuencia en los puertos del Mediterráneo. Es objeto de muchas preparaciones en conserva y semiconserva.

• **DESCRIPCIÓN:** Tiene un cuerpo esbelto y fino, comprimido lateralmente. La mandíbula superior es prominente; la boca, de gran tamaño, termina muy por detrás del ojo. Posee dos escamas grandes en la base de la aleta caudal. El dorso es azul verdoso y los costados y el vientre, plateados. Alcanza un tamaño máximo de 20 cm.

• **HÁBITAT:** Este pez vive en bancos, desde la superficie a los 150 m de profundidad. Se distinguen dos poblaciones diferentes: una litoral, que frecuenta las desembocaduras de los ríos y los estanques salados del Mediterráneo, y otra que vive en aguas profundas durante el invierno y regresa después a las aguas costeras, en primavera, cuando la temperatura le es más favorable.

• **ALIMENTACIÓN:** Principalmente pequeños crustáceos planctónicos, huevos y alevines de peces, que el boquerón filtra a través de los «peines» de la parte superior de las branquias.

• **REPRODUCCIÓN:** Madura sexualmente a la edad de 1 año. Se reproduce a entre 10 y 30 m de profundidad, en aguas cuya temperatura sobrepasa los 14-15 °C, en momentos diferentes según las regiones: de junio a agosto en el mar del Norte, de abril a septiembre en el Mediterráneo. Una hembra pone hasta 20.000 huevos de forma oval, que flotan entre dos aguas. De 2 a 4 días más tarde salen las larvas, de 4 mm de longitud. El crecimiento es muy rápido (10 cm el primer año) y viven poco tiempo (máximo 3 años).

• **PESCA:** Las anchoas rara vez se consumen frescas. Se preparan en salazón, con aceite, en crema, etc. Se pescan sobre todo al arrastre y con traíña. Las capturas varían de un año a otro.

La anchoa es más fina que la sardina y su hocico prominente le confiere un perfil inconfundible.

Arenque

Clupea harengus — Clupeidae (Arenques)

Nombres: c: areng; **e:** sardinzar; **g:** arenque.

Muy valorado en el norte de Europa. Se consume fresco, ahumado o en conserva.

• **DESCRIPCIÓN:** Su cuerpo es fusiforme y la mandíbula inferior sobresale poco. El opérculo es liso, con grandes escamas finas. El color del dorso va de azulado a grisáceo y los costados y el vientre son plateados. Raramente supera los 40 cm.
• **HÁBITAT:** Especie de mar abierto, hasta 200 m de profundidad, vive en bancos y realiza migraciones verticales.
• **ALIMENTACIÓN:** Principalmente plancton filtrado por las branquias y también pequeños peces.
• **REPRODUCCIÓN:** Este pez freza en bancos, a veces de gran tamaño (100 individuos por m^3). La hembra pone decenas de miles de huevos, que caen al fondo y se adhieren al sustrato. Cuando eclosionan, las larvas son planctónicas y miden 8 mm.
• **PESCA:** El arenque tiene una importancia económica considerable desde la Edad Media. A pesar de la sobreexplotación sufrida desde comienzos del siglo XX, las poblaciones se recuperaron gracias a las guerras... Pero la reanudación de una pesca igual de intensa ha conducido a un nuevo descenso en las poblaciones del mar del Norte. En el pasado decenio se consolidó una gestión más razonable, que está permitiendo aumentar las capturas sin afectar a la población.

DIFERENCIAS ENTRE ANCHOAS Y SARDINAS

	Mandíbulas	Boca
Anchoas	prominente la superior	muy hendida, hasta muy detrás del ojo
Sardinas	ligeramente prominente la inferior	poco hendida, hasta el comienzo del ojo

Anchoas

Sardinas

Sardina

Sardina pilchardus Clupeidae (Arenques)

Nombres: c: sardina; **e:** sardina; **g:** xouba, parroxa (pequeñas).

Presente en muchos puertos de pesca, se captura cada vez más con redes de arrastre. En el Mediterráneo aún se pesca con embarcaciones provistas de una fuerte luz que la atrae.

• **DESCRIPCIÓN:** Cuerpo fusiforme, de sección ovalada; el borde ventral tiene forma de dientes de sierra. Las escamas son grandes y se desprenden fácilmente. Los dos últimos radios de la aleta anal son más largos que los otros. El dorso es verdoso o azulado, los costados y el vientre plateados; en ocasiones presenta una banda longitudinal de color azul brillante en los flancos. Alcanza un tamaño máximo de 25 cm.

• **HÁBITAT:** Vive en alta mar, desde la superficie a los 100 m de profundidad en zonas costeras; se aproxima a la superficie durante la noche. La sardina vive en bancos, a veces de gran tamaño. Migra hacia mar abierto durante el invierno y regresa a las costas en primavera, época en que se explota intensamente.

• **ALIMENTACIÓN:** La sardina se alimenta de plancton (crustáceos, huevos y larvas de peces), que filtra a través de las branquias.

• **REPRODUCCIÓN:** El periodo de reproducción varía según las regiones: en primavera en el golfo de Gascuña (10-13 °C), de septiembre a mayo en el Mediterráneo (12-14 °C). La hembra llega a poner hasta 60.000 huevos que navegan a la deriva con las corrientes y eclosionan en un plazo de 2 a 4 días. Los alevines miden 4 mm. Los adultos alcanzan la madurez cuando miden entre 10 y 20 cm, en el plazo de 2 o 3 años.

DIFERENCIAS ENTRE SARDINA Y ESPADÍN

	Opérculo	Aletas pélvicas	Aleta anal	
Sardina	estriado	por detrás del comienzo de la dorsal	los dos últimos radios más largos	 **Sardina**
Espadín	liso	en línea con el comienzo de la dorsal	los dos últimos radios idénticos	 **Espadín**

Muy plateadas bajo el agua, se reconoce a las sardinas por su modo sinuoso de nadar, en especial cuando se alimentan.

• **Pesca comercial:** Tradicionalmente, las sardinas se han venido pescando con redes de deriva y cerco (como la traíña, que permite rodear el banco de peces). En otra época se atraía al banco con ayuda de la raba (una mezcla preparada a base de huevos de bacalao salados). En el Mediterráneo solían pescarse de noche y con luces (desde unas embarcaciones conocidas como lamparos o sardineros lámpara). No obstante, cada vez se pesca más este pez con redes de arrastre pelágico, como se hace con otras muchas especies de mar abierto. La cifra de capturas varía de un año a otro. Debido a la corta duración de la vida de la sardina (menos de diez años) y a la elevada sensibilidad de sus larvas a las condiciones climáticas, las poblaciones experimentan grandes fluctuaciones. Este hecho repercute sin duda en las capturas obtenidas, que en ocasiones pueden experimentar descensos acusados, lo que provoca crisis en el mundo de la pesca con cierta regularidad. Las sardinas se consumen frescas, en salazón, a veces ahumadas y principalmente en forma de conserva.

Espadín y alacha

El espadín *(Sprattus sprattus)* es pariente próximo de la sardina, aunque más pequeño (15 cm máximo). Se distingue sobre todo por el opérculo liso. Aunque es posible encontrarlo en las zonas costeras, a este pez le gusta el agua fría; en el Mediterráneo se instala en las zonas más frescas.

La alacha *(Sardinella aurita)* tiene una longitud que sobrepasa los 30 cm y se reconoce fundamentalmente por la línea longitudinal amarilla que adorna el costado en el pez vivo (o muy fresco). Su cuerpo es más plano que el de la sardina. Al contrario que el espadín, es una especie subtropical, que frecuenta el Mediterráneo en verano.

Sábalo

Alosa alosa Clupeidae (Arenques)

Nombres: c: guerxa; **e:** kodakko; **g:** sábalo.

Esta especie se localiza sobre todo en los estuarios, ya que se reproduce en agua dulce.

• **DESCRIPCIÓN:** Tiene el cuerpo comprimido lateralmente y la mandíbula inferior sobresale ligeramente. El opérculo es estriado. Su tamaño máximo es de 70 cm. Una especie próxima, la saboga (*Alosa fallax*), es más pequeña y posee 7 u 8 pequeñas manchas negras en cada flanco.

• **HÁBITAT Y MIGRACIÓN:** Tras nacer, los jóvenes viven en agua dulce unos meses y luego van al mar a desarrollarse. Tres años después, cuando ya son adultos, vuelven para reproducirse en agua dulce.

• **ALIMENTACIÓN:** Principalmente plancton, en especial crustáceos.

• **REPRODUCCIÓN:** En primavera, los adultos que han madurado sexualmente remontan los ríos, en los que frezan en bancos que se desplazan cerca de la superficie, allí donde encuentran corrientes. Los huevos caen al fondo y eclosionan unos días más tarde. El alevín mide alrededor de 10 mm de longitud.

Salmón atlántico

Salmo salar Salmonidae (Salmones)

Nombres: c: salmó; **e:** izokin arrunt; **g:** salmón.

Aún hay algunos lugares, unos cuantos ríos europeos, en los que se ha mantenido, donde se puede soñar con pescarlo con caña y mosca. Hoy es menos frecuente que antes, ya que le resulta difícil remontar los ríos debido a las barreras y presas, la destrucción de los lugares de freza, la contaminación...

• **DESCRIPCIÓN:** El salmón tiene el cuerpo fusiforme y una pequeña aleta blanda sin radios (llamada adiposa), entre la dorsal y la caudal. Su mandíbula no sobrepasa la vertical de la mitad del ojo. El color (habitualmente gris claro, salpicado de manchitas negras) se intensifica en el periodo de reproducción: flancos amarillentos y manchas rojizas sobre el opérculo. Puede alcanzar una longitud de 1,5 m y un peso de más de 20 kg.

DIFERENCIAS ENTRE SALMÓN Y TRUCHA MARINA

	Boca	Manchas en costados	Cola	
Salmón	hendida hasta el ojo	por encima de la línea lateral	un poco sesgada	 **Salmón**
Trucha	hasta más atrás del ojo	por encima y por debajo de la línea lateral	no sesgada	 **Trucha marina**

• **HÁBITAT:** Vive en bancos en alta mar. Cuando vive en agua dulce, remonta las corrientes para llegar a las zonas de puesta.
• **ALIMENTACIÓN:** En el agua dulce, el régimen alimentario de los jóvenes consiste en gusanos y larvas de insectos. En el mar, los adultos comen a base de peces (arenques, espadines, gádidos). Dejan de alimentarse durante el periodo de migración.

• **REPRODUCCIÓN Y MIGRACIÓN:** Tras unos años en el mar, vuelven al río en el que nacieron (principalmente gracias al olfato). Los machos pelean por las hembras, que excavan nidos en la grava. Una hembra puede depositar hasta 25.000 huevos, que son fecundados por los machos y después cubiertos por una fina capa de grava. Los alevines, que nacen a finales del invierno y miden alrededor de 20 mm, permanecen hasta varios años en agua dulce, donde crecen lentamente. Cuando miden 10-15 cm, reciben el nombre de «smolt». Tienen una coloración muy brillante y en primavera bajan al mar, donde completan su desarrollo, normalmente en 2 años.

TRUCHA MARISCA

La trucha de mar o marisca *(Salmo trutta trutta)* no es otra cosa que la forma migratoria de la trucha común *(Salmo trutta fario)*. Su ciclo vital es muy parecido al del salmón, pero es en gran medida un pez de litoral. Aunque presente en todas las costas, sólo abunda en aguas bastantes frías.
Puede superar 1 m de largo para un peso de 15 a 20 kg.

Bacalao

Gadus morhua — Gadidae (Gádidos)

Nombres: c: bacallà; **e:** bakailao; **g:** bacallao.

El bacalao es uno de los peces más conocidos y uno de los más frecuentes en nuestra mesa. Antiguamente se consumía seco y salado, pero en la actualidad también se vende fresco o congelado. En algunas zonas, como el canal de la Mancha, puede pescarse en invierno con caña.

• **DESCRIPCIÓN:** El bacalao, que tiene tres aletas dorsales, se distingue fácilmente de otros gádidos por la línea lateral blanca sobre un fondo de color verdoso, amarillento o grisáceo salpicado de numerosas manchitas. La mandíbula superior es prominente y tiene una barbilla en la inferior. Llega a medir hasta 2 m y a pesar más de 80 kg.

Las distintas poblaciones
Los científicos han descubierto distintas poblaciones de bacalaos (se habla también de «razas» o de «stocks»). Se diferencian por características anatómicas, genéticas y biológicas. Cada población tiene su zona de reproducción y realiza migraciones, a veces importantes, para alcanzarla (hasta 1.000 km).

• **HÁBITAT:** Los bacalaos viven en mar abierto o en bancos, a veces inmensos, cerca del fondo. Aunque generalmente se encuentran entre los 150 y 200 m de profundidad, se les puede descubrir también cerca de las costas y hasta una profundidad superior a 600 m.

La pesca del bacalao

Desde el siglo XVI, el bacalao ha sido objeto de una de las pescas más activas jamás llevada a cabo por parte de las naciones marítimas. Los barcos llegaban hasta Terranova y la temporada de pesca duraba seis meses. Entonces se pescaba con anzuelo y sedal y a continuación el pescado se ponía a secar en tierra en instalaciones destinadas a ese fin. La pesca ha experimentado una gran transformación con la aparición de la tecnología moderna (el sonar para la localización de los bancos de peces; las redes de arrastre pelágico, de deriva, cerco y fondo, muy eficaces; la construcción de los barcos congeladores equipados para efectuar la congelación a bordo). Las zonas de pesca del bacalao han sido motivo de enfrentamientos entre países europeos, como España y Francia, y de estos países con otros de fuera de nuestro continente, como Canadá. El número de capturas ha disminuido considerablemente en los últimos años.

• **ALIMENTACIÓN:** El bacalao se alimenta lo mismo de presas capturadas en mar abierto que de organismos fondícolas. Su régimen alimentario está integrado fundamentalmente por peces y crustáceos.

• **REPRODUCCIÓN:** La mayoría de los bacalaos se reproducen en primavera, cuando la temperatura del agua se aproxima a entre 4 y 6 °C. El macho emite ciertos sonidos para estimular a las hembras y el ritual nupcial es más bien agitado. Es uno de los peces más prolíficos: una hembra de 15 kg pone hasta 7 millones de huevos. Éstos flotan más o menos según la salinidad del agua. Al nacer, las larvas miden 4 mm y viven en mar abierto hasta que alcanzan los 3-6 cm; a continuación, descienden hacia el fondo.

La línea lateral blanca y la presencia del barbillón permiten identificar fácilmente al bacalao.

Plegonero

Merlangius merlangus Gadidae (Gádidos)

Nombres: g: bacalada.

Se trata de un pez muy habitual en lonjas y mercados, vendido a veces como pescadilla, bacalada o merlán.

• **DESCRIPCIÓN:** Su cuerpo es hidrodinámico. La mandíbula superior es algo prominente. El barbillón, pequeño o ausente. El dorso es verde-gris u oliváceo, los costados plateados, el vientre blanco y negra la base de la aleta pectoral. Tamaño máximo: 70 cm.

• **HÁBITAT:** Fondos arenosos o cenagosos, hasta 100 m de profundidad. A veces se acerca a los estuarios y zonas rocosas. Los alevines pueden vivir bajo la protección de las medusas.

• **ALIMENTACIÓN:** Pequeños peces, crustáceos y cefalópodos.

• **REPRODUCCIÓN:** Entre enero y julio, la hembra pone hasta 1 millón de huevos, que flotan entre las aguas. Los jóvenes (5 a 10 cm) viven en aguas costeras, a una profundidad que no supera los 3 m.

• **PESCA COMERCIAL:** Se pesca con redes de arrastre de fondo. La mayor parte de las capturas europeas (hasta 150.000 t) proceden del mar del Norte.

Eglefino

Melanogrammus aeglefinus Gadidae (Gádidos)

Pez de carne magra, que se consume fresco o se comercializa ahumado, fundamentalmente en Gran Bretaña, con el nombre de *haddock*. Se captura con redes de arrastre de fondo, sobre todo en el mar del Norte.

• **DESCRIPCIÓN:** El eglefino tiene el cuerpo fusiforme y una pequeña barbilla en el mentón. Muestra una mancha oscura característica por encima de la línea lateral, debajo de la primera aleta dorsal. El dorso es gris o verde oliváceo, los costados plateados y el vientre blanco. Alcanza 1 m de largo y un peso de más de 10 kg.

• **HÁBITAT:** Vive generalmente cerca del fondo, pero también en bancos en mar abierto y en zonas frías (1 a 10 °C).

• **ALIMENTACIÓN:** Presas de pequeño tamaño: peces, moluscos, crustáceos y gusanos.

• **REPRODUCCIÓN:** La puesta tiene lugar de febrero a junio, en aguas frías. La hembra pone hasta 600.000 huevos que flotan entre las aguas. Allí permanecen también las larvas durante 3 meses. Cuando alcanzan un tamaño de 40 mm, los alevines se dirigen hacia el fondo.

EL CAPELLÁN DEL MEDITERRÁNEO

El capellán o capelán del Mediterráneo, también conocido como faneca menor *(Trisopterus minutus capelanus)*, es algo más pequeño y esbelto que la faneca mayor. Las listas verticales son menos visibles o están ausentes, y las dos aletas anales no están unidas. Vive a relativa profundidad (de 25 a 400 m), en especial en torno a los restos de naufragios. *Trisopterus minutus minutus* es una subespecie muy parecida, pero habita la vertiente atlántica.

Faneca mayor

Trisopterus luscus Gadidae (Gádidos)

Nombres: c: mòllera fosca; **e:** paneka handi; **g:** faneca.

Se captura a veces con sedal, desde embarcación, cerca de la costa. La carne se conserva mal.

• **DESCRIPCIÓN:** El cuerpo es alto en su parte anterior. Tiene un barbillón en el mentón y una mancha oscura en la base de las pectorales. Las dos anales están soldadas. Por regla general, luce anchas bandas marrones. Alcanza 45 cm para un peso de 2 kg.

• **HÁBITAT:** Principalmente aguas costeras, cerca de las rocas y los barcos hundidos, en pequeños bancos, hasta 100 m de profundidad. Penetra a veces en los estuarios.

• **ALIMENTACIÓN:** Los ejemplares jóvenes se alimentan de crustáceos. Los individuos de mayor tamaño comen también peces, gusanos o cefalópodos.

• **REPRODUCCIÓN:** Los alevines pueden alcanzar la madurez a partir de un año de edad. Las puestas tienen lugar en invierno y sobre todo en marzo-abril. Los jóvenes, más costeros que los adultos, crecen muy rápidamente.

Es una especie eminentemente gregaria, que forma pequeños grupos desde su más tierna infancia. Los jóvenes (en la foto) son un poco más alargados que los adultos.

Abadejo

Pollachius pollachius Gadidae (Gádidos)

Nombres: c: serreta; **e:** abadira; **g:** abadexo.

Pescado por los barcos de arrastre, en ocasiones se captura también al lance.

- **DESCRIPCIÓN:** Tiene una línea lateral que se curva nítidamente por encima de las aletas pectorales. Su mandíbula es prominente. No tiene barbillas en el mentón. La coloración varía del amarillo al verde oliváceo. Alcanza un tamaño de 1,3 m para un peso de 10 kg.
- **HÁBITAT:** Está presente hasta los 200 m de profundidad, en alta mar o sobre fondos arenosos, donde vive en grupos.
- **ALIMENTACIÓN:** Compuesta principalmente de peces, crustáceos y cefalópodos.
- **REPRODUCCIÓN:** Los adultos se concentran en grandes grupos y se reproducen cuando el agua alcanza una temperatura de 10 °C. Los jóvenes permanecen cerca de las costas e incluso en los estuarios durante los dos primeros años de su vida.
- **PESCA COMERCIAL:** Este pez se captura sobre todo con redes de arrastre, a veces con traíñas (unas 15.000 t anuales en Europa). Se consume fresco, pero su carne es más frágil que la del carbonero.

LA BRÓTOLA

Se reconoce por el barbillón y las aletas pélvicas filamentosas. La brótola de roca *(Phycis phycis)* posee dos aletas dorsales y una anal. Es un pez con el que se encuentran frecuentemente los submarinistas en el Mediterráneo, bajo las rocas o dentro de grietas.

Carbonero

Pollachius virens Gadidae (Gádidos)

Nombres: e: ikazkia.

De gran importancia para la pesca industrial. Se consume tanto fresco como congelado.

• **DESCRIPCIÓN:** El carbonero presenta una línea lateral clara y bastante marcada, casi rectilínea. Los jóvenes tienen a veces una barbilla en el mentón. El dorso es de color marrón verdoso y el vientre más claro. Alcanza un tamaño de 1,3 m y un peso de 10 kg. Puede vivir más de 25 años.
• **HÁBITAT:** Es una especie de mar abierto, que vive en bancos (hasta 200 m de profundidad) y se aproxima en ocasiones a la costa.
• **ALIMENTACIÓN:** El carbonero se alimenta de pequeños peces (espadines, fanecas).

• **REPRODUCCIÓN:** La hembra pone hasta 4 millones de huevos en aguas frías (3 a 10 °C), los cuales flotan en los 30 primeros metros. Los alevines tienen un crecimiento bastante rápido.
• **PESCA COMERCIAL:** Principalmente pesca de arrastre, de deriva o fondo. Una gran parte de las capturas europeas (300.000 t) se realiza en el mar del Norte (Noruega, islas Feroe, Islandia).

Merluza

Merluccius merluccius Gadidae (Gádidos)

Nombres: c: lluç; **e:** legatz; **g:** merluza, pescadilla (mediana), carioca (pequeña).

Especie de arrastre de fondo y deriva (unas 15.000 t/año en Europa), común en el mercado y muy buscada por su carne.

• **DESCRIPCIÓN:** La merluza tiene el cuerpo alargado y una boca grande provista de afilados dientes. Al contrario que la mayoría de los gádidos, sólo posee dos dorsales y una aleta anal muy larga. La coloración del dorso es gris, más o menos oscuro, y el vientre blanco. En ocasiones supera 1 m de longitud y 10 kg de peso.
• **HÁBITAT:** Pez de fondo (sobre todo hasta los 300 m de profundidad) que asciende durante la noche hacia la superficie para cazar.
• **ALIMENTACIÓN:** Se alimenta de peces (clupeidos, caballas), crustáceos y cefalópodos.
• **REPRODUCCIÓN:** Tiene lugar sobre el fondo y el periodo varía según la latitud (de diciembre a junio en el Mediterráneo, de febrero a mayo en el golfo de Gascuña). Una hembra pone hasta 300.000 huevos flotantes, que eclosionan unos seis días después. Las larvas flotan en alta mar. Los alevines se desplazan al fondo y se reúnen en zonas determinadas.

Barbada

Ciliata mustela Gadidae (Gádidos)

Pez pequeño, de escaso interés culinario (su carne se conserva mal); se ve a veces en inmersiones con escafandra autónoma.

• **DESCRIPCIÓN:** Tiene 5 barbillones (4 sobre la mandíbula superior, 1 bajo la inferior) y un cuerpo alargado de color más o menos marrón. Posee dos aletas dorsales, la segunda mucho más larga. Alcanza una longitud de 30 cm. Existen diferentes especies de mustelas o barbadas (septentrional, común) que se distinguen por el número de barbillones.
• **HÁBITAT:** Esta mustela es una especie de litoral, que vive en fondos blandos o rocosos, hasta unos 10 m de profundidad. Pueden encontrarse ejemplares jóvenes en los charcos que quedan con marea baja.

• **ALIMENTACIÓN:** Se alimenta principalmente de pequeños crustáceos, pero también de gusanos, moluscos gasterópodos y, a veces, algas.
• **REPRODUCCIÓN:** Tiene lugar a finales del invierno. La hembra pone unas decenas de millares de huevos que flotan en mar abierto, como más tarde harán las larvas. El crecimiento es rápido (13 a 14 cm a la edad de 1 año).

Maruca

Molva molva Gadidae (Gádidos)

Nombres: c: escolà gros; **e:** maruka; **g:** maruca

La maruca grande es un pez de arrastre muy apreciado. En filetes, congelados o frescos (en Noruega, Islandia, Suecia, islas Feroe y Escocia se sala y seca).

• **DESCRIPCIÓN:** Cuerpo muy alargado, con dos aletas dorsales y una anal. El dorso y los flancos son de color marrón verdoso jaspeado y el vientre es blanco amarillento. Es el más grande de los gádidos (2 m para un peso de 80 kg). El escolano azul es una especie próximamente emparentada, más pequeña, con un barbillón en el mentón más corto que el de la maruca.
• **HÁBITAT:** Fondos rocosos hasta 400 m de profundidad. Durante los dos primeros años de vida, los jóvenes son más costeros (hasta 50 m de profundidad).
• **ALIMENTACIÓN:** Pequeños gádidos y crustáceos.
• **REPRODUCCIÓN:** Es un pez muy prolífico, que puede poner desde 5 millones a más de 40 millones de huevos flotantes. La reproducción tiene lugar en una zona concreta, a alrededor de 200 m de profundidad, siguiendo una estrecha banda a lo largo de las costas atlánticas.

Lisa (o corcón)

Chelon labrosus — Mugilidae (Mújoles)

Nombres: c: escolà gros; **e:** maruka; **g:** maruca

Las diferentes especies de lisas se consideran, a veces equivocadamente, de poco interés culinario. Son una presa muy apreciada por los pescadores deportivos debido a su combatividad.

• **DESCRIPCIÓN:** La lisa o corcón tiene un cuerpo alargado, cubierto de grandes escamas. La boca, sin dientes, posee un labio superior grueso recubierto de tubérculos. Puede medir hasta 60 cm para un peso de más de 2 kg.

• **HÁBITAT:** Muy resistente a las variaciones de salinidad, vive en aguas litorales poco profundas, en la desembocadura de los ríos o en aguas salobres, donde busca fondos cubiertos de algas. En ocasiones

Las lisas jóvenes se desplazan en bancos compactos.

salta fuera del agua y nada en pequeños grupos. Con la llegada del invierno se dirige hacia aguas menos frías.

• **ALIMENTACIÓN:** Es especial, debido a la morfología de su labio superior. Chupa las rocas o el suelo para alimentarse de algas, restos orgánicos y vegetales y pequeños animales que viven allí. Los individuos jóvenes se alimentan de plancton.

• **REPRODUCCIÓN:** Se reproduce en primavera en el Canal de la Mancha y en junio-julio en el Mediterráneo. Cuando maduran sexualmente (un mínimo de 25 cm), los adultos se reúnen para dirigirse al mar, donde se realiza la puesta. Los huevos flotan entre dos aguas. En primavera, los jóvenes vuelven a la costa o buscan aguas salobres. Viven en bancos compactos, cerca de la superficie, y se alimentan mucho menos durante el invierno.

La lisa o corcón es la única especie de nuestras costas con un labio superior tan grueso, dotado de pequeños tubérculos característicos.

OTRAS LISAS

Mugil cephalus

Existen otras cinco especies de lisas, difíciles de identificar. En general, son muy comunes y frecuentan zonas poco saladas (en ocasiones, las áreas de vertidos). Tienen el mismo régimen alimentario que la lisa o corcón y un sistema digestivo adaptado (tienen engrosada una parte del estómago y un intestino bastante largo). Algunas ejecutan saltos de más de 1 m de altura fuera del agua.

Liza aurata

Huevas de mújol
La carne de las lisas (corcón, capitán, galupe) es muy grasa y poco apreciada para su consumo.
Resulta de mayor o menor calidad según el periodo y el lugar de captura: los más valorados son los ejemplares extraídos del mar. Los huevos de algunas especies de lisas se secan y salan. Las lisas se consumen sobre todo en los países mediterráneos.

Pejerrey

Atherina boyeri Atherinidae (Chucletos)

Nombres: c: peix sense sang; **e:** abixoi txiki; **g:** piarda.

Existen diversas especies de aterínidos, con nombres muy distintos según las distintas regiones: pejerrey, abichón, chucleto, chirrete. Todas ellas se consumen fritas y se pescan a lo largo de la costa.

• **DESCRIPCIÓN:** Este pequeño pez (15 cm como máximo) tiene un cuerpo muy esbelto. Las dos aletas dorsales son cortas y están espaciadas. La caudal es bifurcada. El dorso es de color gris verdoso y una banda plateada recorre los flancos. Es difícil diferenciar a los distintos chucletos.

Los chucletos forman bancos sedentarios, en especial en zonas protegidas.

• **HÁBITAT:** Cerca de las costas, sobre fondos arenosos. Penetra hasta los puertos, estuarios y lagunas salobres.

• **ALIMENTACIÓN:** Se alimenta de plancton (principalmente de crustáceos), adecuados para el tamaño de su boca.

• **REPRODUCCIÓN:** Cerca de los ríos. Los huevos (de 1,5 mm de diámetro) se pegan entre sí o al sustrato, con unos filamentos adhesivos. La larva mide de 5 a 6 mm en el momento de la eclosión (abril). Los jóvenes nadan en pequeños bancos compactos.

EL ABICHÓN

El abichón *(Atherina presbyter)* puede llegar a medir 20 cm. Su modo de vida es muy parecido al del pejerrey o joell, con el que se confunde. El mejor criterio de identificación es la distribución geográfica: el pejerrey domina en el Mediterráneo y el abichón, en la vertiente atlántica.

Aguja

Belone belone Belonidae (Belónidos)

Nombres: c: agulla; **e:** akula; **g:** agulla.

Es un pez poco comercializado. Su carne es sabrosa y se emplea en la sopa de pescado. Se puede capturar en verano, al lance o a la cacea.

• **DESCRIPCIÓN:** Se reconoce a esta especie por su cuerpo, muy esbelto, y su «pico», en el que la mandíbula inferior es más larga. Sus espinas son de un llamativo color verde. El dorso es azul verdoso oscuro, los flancos brillantes y el vientre blanquecino. Puede llegar a medir 70 cm y a pesar 1 kg.
• **HÁBITAT:** Es un pez de superficie, que vive en bancos y se aproxima a las costas. Puede saltar fuera del agua.
• **ALIMENTACIÓN:** Pececillos que viven en bancos.
• **REPRODUCCIÓN:** Desde finales de invierno hasta finales de primavera. Los huevos son gruesos (3 mm de diámetro) y se adhieren a diferentes soportes (algas, rocas) con unos largos filamentos. Los jóvenes viven cerca de la costa.

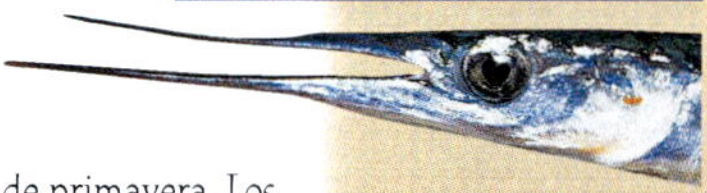

Las largas mandíbulas tienen pequeños dientes puntiagudos.

Pez de san Pedro

Zeus faber Zeidae (Zeidos)

Nombres: c: peix de sant Pere; **e:** muxu-martin; **g:** sanmartiño.

Puede vérsele a menudo entre las descargas de los arrastreros y en las lonjas de pescado. A veces se digna aparecer ante los buceadores.

• **DESCRIPCIÓN:** Ya sea de color dorado o plateado, no es fácil confundirlo con ningún otro pez. Según la leyenda, la mancha oscura que adorna cada uno de sus costados sería la marca del índice y el pulgar del apóstol san Pedro. Este pez, también conocido como gallo de san Pedro, alcanza un tamaño máximo de 70 cm y un peso de 8 kg.
• **HÁBITAT:** Vive principalmente en los fondos blandos de la plataforma continental, hasta más de 100 m de profundidad. Sobre todo en verano, se aproxima a las costas rocosas.

Cuando es joven, el pez de san Pedro tiene las aletas muy grandes.

• **Alimentación:** Se alimenta de peces, que captura tras un largo proceso de aproximación, operación que le facilita su cuerpo aplanado. La boca protráctil puede extenderse hasta una longitud equivalente a la mitad de la del cuerpo.

• **Reproducción:** Se sabe poco acerca de la reproducción de este pez, que tiene lugar durante la primavera o el verano.

La «huella del dedo de san Pedro» sobre el flanco es aquí muy visible.

Ochavo

Capros aper Caproidae (Caproidos)

Nombres: c: gallet; **e:** basurde-arrain.

Rara vez se pesca o se observa en inmersión submarina, pero parece aclimatarse muy bien en los acuarios públicos.

• **Descripción:** Tiene una forma característica y es de color rosa anaranjado, más claro en la parte ventral. Puede mostrar también bandas verticales de color marrón. Tamaño: 16 cm.

• **Hábitat:** Vive entre 50 y 400 m de profundidad, en fondos diversos, blandos o rocosos. En ocasiones se observan ejemplares reproductores, jóvenes o adultos, a menor profundidad.

• **Alimentación:** Este pez se alimenta de presas pequeñas –en especial de crustáceos–, a las que captura con su boca protráctil.

• **Reproducción:** La puesta tiene lugar en verano. Los huevos y larvas flotan en mar abierto gracias a una gotita de aceite que contienen. Los alevines se alimentan pronto de pequeñas presas planctónicas, antes de dirigirse hacia el fondo, donde se transforman en individuos similares a los adultos.

En el momento de la parada sexual, el macho del ochavo se adorna con una característica librea estriada.

Balisto

Balistes carolinensis Balistidae (Balístidos)

Con su aspecto llamativo y amistoso, es un huésped frecuente en los acuarios públicos.

• **Descripción:** El balisto común posee dos aletas dorsales. El primer radio de la primera puede enderezarse y permanecer en esa posición gracias a un segundo radio que hace la función de gatillo. Su coloración es grisácea. Tamaño: 40 cm.

• **Hábitat:** Vive cerca de las costas, con frecuencia en pequeños grupos, a una profundidad de entre 10 y 100 m, generalmente sobre fondos rocosos.

• **Alimentación:** Este pez se alimenta principalmente de moluscos y crustáceos capturados en el fondo, que tritura gracias a sus fuertes dientes.

• **Reproducción:** En verano, la hembra excava una especie de nido en la arena. En él deposita los huevos, que cuida a partir de entonces, mientras el macho vigila el territorio. En la protección de los huevos los peces son muy agresivos incluso llegan a morder a los buceadores.

Espinacia

Spinachia spinachia Gasterosteidae (Espinosos)

Nombres: e: xista; **g:** espinosillo de mar.

Este curioso pez aparece con frecuencia con la marea baja entre las algas. Puede capturarse con red de mano en unos centímetros de agua.

• **DESCRIPCIÓN:** La espinacia tiene una pequeña boca en el extremo de un hocico tubular y un pedúnculo caudal muy fino. Es de color marrón generalmente, más o menos sombreado, y con el vientre claro. Tamaño: 20 cm.

• **HÁBITAT:** Es un pez muy costero, que no se aventura más allá de los 10 m de profundidad. Vive solitario o en pareja, principalmente entre las algas. Puede remontar las aguas salobres de los estuarios.

La forma y el color están adaptados para camuflarse entre las plantas.

• **ALIMENTACIÓN:** Se alimenta de pequeños invertebrados, huevos y larvas de peces.

• **REPRODUCCIÓN:** En primavera, el macho fabrica un nido con plantas que une gracias a una secreción renal. La hembra deposita en él de 150 a 200 huevos, que serán cuidados por el macho durante los 20 días de incubación. El crecimiento de los jóvenes es muy rápido y alcanzan la madurez sexual en 1 año.

EMBARAZO PATERNO

***Syngnathus* sp.**

Los miembros de la familia syngnathidae son los únicos peces que practican el «embarazo paterno»: el macho incuba los huevos bajo su abdomen. Hay que aclarar, no obstante, que es la hembra la que pone los huevos y los deposita en la bolsa incubadora del macho. Entre los peces aguja y caballitos de mar, esta bolsa está formada por dos pliegues cutáneos que

Mula

Syngnathus acus Syngnathidae (Agujas y caballitos)

Nombres: c: agulleta; **e:** orratz handi.

Es frecuente descubrirlas entre las algas y hierbas durante la marea baja; a veces se las ve también en los puertos.

• **DESCRIPCIÓN:** Tiene un cuerpo anillado y posee aletas pectorales, una caudal y una anal reducida. Su coloración marrón es muy variable, con más o menos bandas verticales. Es la más grande de la familia Syngnathidae (hasta 45 cm). Existen otras especies (aguja mula, aguja de mar) de clasificación poco clara, cuya identificación resulta a veces difícil.

• **HÁBITAT:** Las mulas frecuentan todo tipo de entornos, aunque muestran preferencia por las zonas con vegetación o los fondos cubiertos de algas. Soportan las aguas poco salobres de la desembocadura de los ríos. Animal costero, puede vivir, no obstante, a 50 m de profundidad.

• **ALIMENTACIÓN:** Las mulas se alimentan de minúsculas presas –en especial crustáceos–, capturadas en el fondo o en alta mar.

• **REPRODUCCIÓN:** Se desarrolla durante el verano. Los machos incuban los huevos en una bolsa formada por dos pliegues cutáneos que se unen ventralmente. El periodo de incubación varía con la temperatura (4-5 semanas). Al nacer, los alevines son réplicas en miniatura de los adultos. Ascienden a la superficie para tragar una burbuja de aire (necesaria para su vejiga natatoria) y regresan rápidamente al fondo.

permanecen soldados durante todo el periodo de gestación. Los huevos eclosionan en su interior y los alevines se benefician del intercambio de nutrientes con los tejidos paternos hasta que son expulsados, una vez que están plenamente desarrollados. Los nerofis representan un estadio más primitivo, ya que los huevos quedan simplemente adheridos bajo la cara ventral del macho. Tras la eclosión, las minúsculas larvas se dispersan en el agua.

Nerophis ophidion

Fusta

Entelurus aequorus Syngnathidae

Nombres: c: agulla; **e:** suge-orratz

Este pez aguja se reconoce por su color característico. Escaso, es el más grande de la familia.

• **DESCRIPCIÓN:** La fusta carece de aletas pectorales y anal; la caudal, aunque está presente, es vestigial. El cuerpo, regularmente estriado con bandas de color blanco a azulado, tiene una fina línea marrón que va del hocico a la parte de atrás de la cabeza, atravesando el ojo. Los machos alcanzan los 40 cm de longitud, las hembras los 60 cm.

• **HÁBITAT:** Frecuenta principalmente los fondos cubiertos de algas a partir de 5 m de profundidad y a veces llega hasta los 100 m. Durante el verano puede vérsele en mar abierto, sobre todo en las proximidades de algas flotantes.

• **ALIMENTACIÓN:** Se alimenta fundamentalmente de crustáceos nadadores (que pueden sobrepasar 1 cm de longitud); a veces, también de alevines.

• **REPRODUCCIÓN:** Este pez es maduro a los dos años de edad. La reproducción tiene lugar en verano y la hembra puede poner hasta un millar de huevos, que confía, al parecer, a varios machos (que los incuban en un repliegue cutáneo ventral). Al nacer, los alevines se dispersan en el agua; tienen aletas pectorales, que desaparecen posteriormente.

La línea que atraviesa el ojo es característica de la fusta.

IDENTIFICACIÓN DE LAS DIFERENTES ESPECIES

Especies	Aletas			Cuerpo
	Pectorales	Caudal	Anal	
Agujas de mar (1) Nerofis (2) Fustas (3)	presentes ausentes ausentes	presente ausente reducida	reducida ausente ausente	anillado liso liso

1
2
3

Nerofis (o alfiler)

Nerophis lumbriciformis Syngnathidae

Nombres: c: serpeta; **e:** orratz muturzuzen.

Por su aspecto, color y comportamiento al deslizarse entre las algas, merece el nombre de nerofis lombriz.

• **DESCRIPCIÓN:** Cuerpo cilíndrico liso, sin aletas pectorales, anal ni caudal. El hocico es corto y curvado hacia arriba, con relación al eje del cuerpo. Color marrón bastante uniforme, a veces muy oscuro. A menudo, dibujos claros, más o menos amplios, sobre la cabeza y en

la parte delantera del cuerpo. Mide de 15 a 17 cm. El nerofis serpentino, *Nerophis ophidion* (véase foto en cuadro pág. 65), tiene el hocico recto y vive entre sebas de mar o zosteras.

• **HÁBITAT:** Vive a escasa profundidad, principalmente en la zona de mareas, donde se refugia bajo las piedras cubiertas de algas.

• **ALIMENTACIÓN:** El nerofis se alimenta de minúsculos crustáceos que captura en el fondo o en las inmediaciones.

• **REPRODUCCIÓN:** Es verano puede observarse a los machos que llevan adheridos los huevos bajo el abdomen, generalmente dispuestos en 2 o 3 filas.

La aguja mula *(Syngnathus typhle)* se reconoce por su hocico característico.

Existen numerosas especies de «peces aguja» repartidas en tres géneros:

Syngnathus: además de la mula (1), están la aguja mula *(Syngnathus typhle)* (2), con hocico más aplanado lateralmente, y varias especies de difícil identificación.

Nerophis: el nerofis o alfiler *(Nerophis lumbriciformis)* y el nerofis serpentino (de hocico recto) son los más corrientes.

Entelurus: la única especie, *Entelurus aequorus*, o fusta, tiene el cuerpo marcado por finas bandas de color claro.

Mula

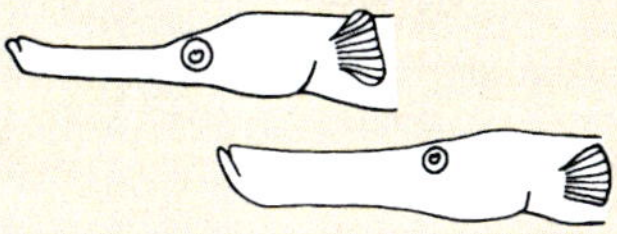

Aguja mula

Caballito de mar

Hippocampus hippocampus Syngnathidae

Nombres: c: cavallet de mar.

Desgraciadamente, los descubriremos secados y a la venta como recuerdos. En la naturaleza son muy apacibles.

• **DESCRIPCIÓN:** El caballito de mar común posee un hocico bastante corto. La coloración es variable, generalmente marrón o rojiza. Tamaño: 16 cm.

• **HÁBITAT:** Vive fundamentalmente en los fondos arenosos, en especial allí donde abundan los detritus orgánicos, como los restos de plantas. El caballito de mar habita a poca profundidad (no supera los 30 m). Gracias a su color, forma e inmovilidad, los caballitos de mar pasan desapercibidos a menudo, aun cuando son relativamente abundantes.

• **ALIMENTACIÓN:** Con su hocico tubular, que actúa como una pipeta, los caballitos de mar pueden aspirar las minúsculas presas que forman parte de su dieta habitual: pequeños organismos fondícolas o de aguas abiertas (plancton).

• **COMPORTAMIENTO:** Con ayuda de su cola prensil, los caballitos de mar pueden agarrarse a las algas y las plantas, donde se dejan balancear al mismo ritmo que el soporte que les sirve de anclaje, mientras esperan tener a su alcance a alguna presa. Cuando nadan, lo hacen en posición vertical, con la cola enrollada. La pequeña aleta dorsal, que ondula con rápidos movimientos, les asegura la propulsión.

Hippocampus ramulosus **se diferencia de su primo por tener el hocico más largo y, con frecuencia, por la presencia de filamentos cutáneos. Su color oscuro, generalmente salpicado de manchas claras, es muy variable: se han visto individuos amarillos o de un rojo vivo. Alcanza los 16 cm.**

UN VERDADERO «PADRAZO»

En ambas especies de caballitos de mar la reproducción tiene lugar en primavera y verano. Durante la parada nupcial los dos miembros de la pareja nadan uno al lado del otro, mientras el macho ofrece su vientre a la hembra: él incubará los huevos en una especie de marsupia ventral. Gracias a una desarrollada papila genital, la hembra puede depositar allí sus huevos. A las 4 o 5 semanas, el macho pare, con violentas contracciones, de 100 a 200 alevines, ya perfectamente formados, réplicas perfectas en miniatura del adulto.

Músico

Macroramphosus scolopax Macroramphosidae

Nombres: c: trompeter; **e:** arrain tronpetari.

Rara vez se le ve en los fondos frecuentados por los buceadores, pero aparece ocasionalmente entre las capturas de los arrastreros. Cosa curiosa para una especie que vive a gran profundidad: se adapta fácilmente a los acuarios.

• **DESCRIPCIÓN:** Tiene una silueta comprimida característica, con una boca minúscula en el extremo de un hocico tubular y una robusta espina dorsal. Es de color anaranjado; a veces, según el estado de ánimo, presenta un dibujo jaspeado. Tamaño: 18 cm.

• **HÁBITAT:** Vive en fondos de arena o limo, hasta 600 m, aunque en ocasiones puede aparecer a sólo 25 m de profundidad. Vive fundamentalmente en cardúmenes, que llegan a ser grandes. Los jóvenes son pelágicos (a veces hasta que miden 10 cm) y la coloración dominante es plateada, perfectamente adaptada para su vida en alta mar.

• **ALIMENTACIÓN:** Es un pez carnívoro, que se alimenta de pequeños invertebrados (en especial crustáceos), que captura en el fondo o en pleno mar, gracias a su boca tubular que, a modo de pipeta, le permite aspirar, literalmente, a su presa.

Recién nacido

Macho incubando

Cabracho (o escorpina roja)

Scorpaena scrofa Scorpaenidae (Escorpénidos)

Nombres: **c:** escorpera; **e:** arrangorri; **g:** peje diablo, gallineta.

Es difícil para los buceadores descubrir a este pez entre las algas del fondo. Es el rey de las sopas de pescado y ocupa un puesto de honor en las lonjas y subastas.

• **DESCRIPCIÓN:** Gran cabeza maciza, cubierta de colgajos cutáneos también presentes bajo la garganta. Su coloración es variable, generalmente rosácea, pero también roja o naranja. Llega a medir 50 cm.
• **HÁBITAT:** Pez de fondo, vive sobre todo en zonas con fondos ro-

LAS DIFERENTES ESCORPINAS

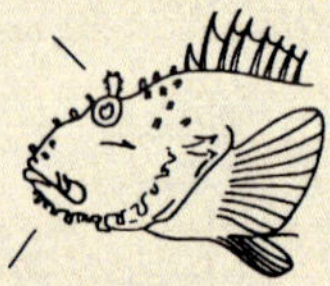

Scorpaena scrofa, **50 cm**

Scorpaena notata, **20 cm**

Scorpaena notata no posee grandes apéndices cutáneos bajo el ojo o la garganta. De color rojizo, cuenta generalmente con una mancha negra sobre la aleta dorsal. Esta especie vive entre las rocas, de 10 a 700 m de profundidad.

cosos. Aparece a partir de los 15 m de profundidad, en ocasiones llega hasta los 500 m.

• **ALIMENTACIÓN:** Caza al acecho los crustáceos y peces que constituyen su dieta habitual; de actividad fundamentalmente crepuscular o nocturna.

• **REPRODUCCIÓN:** A finales de primavera y verano; la puesta de los huevos adopta la forma de una masa gelatinosa. Las larvas se desarrollan en mar abierto y se dirigen al fondo cuando alcanzan un tamaño de 2-3 cm.

• **CAMUFLAJE:** Gracias a los numerosos apéndices cutáneos y protuberancias que cubren la cabeza y el cuerpo, es difícil distinguir a las escorpinas en medio de las algas con las que se confunden. Su color rosado o rojizo no es un problema: dado que las radiaciones de luz roja son absorbidas a partir de los 5 m, parecen oscuros bajo las rocas en las que se cobijan.

• **PELIGRO:** Las espinas, en especial las de la aleta dorsal, conectan con glándulas venenosas, y su picadura es muy dolorosa. Hay que introducir la parte afectada en agua muy caliente hasta que desaparezca el dolor y a continuación desinfectarla.

Aunque llamativa bajo la luz del *flash*, la coloración rosa anaranjada en realidad es poco visible en el entorno azulado del fondo marino.

Las espinas de la escorpina están dotadas de canalículos que conducen el veneno desde la base (donde está comprimida la glándula venenosa) hasta la punta (es decir, hasta el cuerpo de su víctima).

***Scorpaena porcus*, 30 cm**

Scorpaena porcus aparece a poca profundidad y se distingue por un apéndice cutáneo muy desarrollado encima de cada ojo. Generalmente es de color marrón, más o menos amarillento, otras veces oscuro o rosado (en particular en el Atlántico).

Bejel

Trigla lucerna Triglidae (Triglas)

Nombres: c: lluerna vera; **e:** perloi handi; **g:** alfóndiga, escacho.

Muy frecuente en subastas y mercados. Aclimatado en los acuarios resulta muy atractivo por su comportamiento.

• **DESCRIPCIÓN:** El bejel tiene una silueta característica. Los primeros radios de las aletas pectorales son libres y le permiten desplazarse sobre ellas. Estas aletas están muy coloreadas, dominando el azul. Tamaño: 75 cm. Como todas las triglas (cuco, golondrina, perlón, garneo, borracho), puede emitir unos sonidos similares a gruñidos gracias a unos músculos que actúan sobre la vejiga natatoria.

• **HÁBITAT:** Vive hasta los 300 m de profundidad, en fondos de arena y grava, sobre los que se desplaza «andando» con ayuda de sus aletas pectorales modificadas. Durante el verano, frecuenta las costas y a veces los estuarios; en invierno vive a mayor profundidad.

• **ALIMENTACIÓN:** Se alimenta en buena medida de pequeños crustáceos del fondo y de peces, que obtiene revolviendo el suelo con el hocico.

• **REPRODUCCIÓN:** Se reproduce en invierno o primavera, según las regiones. Los huevos y larvas flotan entre las aguas.

Si se le asusta, el bejel despliega sus «alas» de tonos contrastados.

Escorpión marino

Enophrys bubalis Cottidae (Escorpiones)

Nombres: e: krabarroka arantzalabur.

Se le encuentra principalmente en la zona de mareas; también muerde con voracidad el sedal.

• **DESCRIPCIÓN:** Pez macizo, de cabeza grande y color marrón, más o menos jaspeado, con vientre claro (amarillento en el macho y turquesa en la hembra durante la reproducción). Las espinas de la cabeza sólo parecen ser venenosas en ese periodo. Tamaño: 25 cm.
• **HÁBITAT:** Especie muy costera, que vive solitaria, principalmente en entornos rocosos, entre las algas y las plantas. Como las escorpinas, vive normalmente posado sobre el fondo.

• **ALIMENTACIÓN:** Extremadamente voraz, el escorpión marino se alimenta de gusanos, crustáceos y peces pequeños que pesca al acecho.
• **REPRODUCCIÓN:** En primavera o a finales del invierno, deposita sus huevos amontonados en las grietas de las rocas. El macho los guarda durante unas 6 semanas, hasta la eclosión. Las larvas viven entre las aguas y no se dirigen hacia el fondo hasta que su tamaño es de 1,5 cm.

EL RUBIO

Trigloporus lastoviza Triglidae

Esta trigla de hocico poco alargado, se identifica por la presencia de estrías verticales en el cuerpo. Las aletas pectorales, muy desarrolladas incluso para una trigla, están adornadas con dibujos de un azul intenso, que se hacen visibles cuando nada. Frecuenta fondos blandos cerca de zonas rocosas, entre los 20 y 50 m de profundidad. Alcanza un tamaño máximo de 40 cm.

Cuando está inquieto, el escorpión marino levanta sus opérculos, armados de una fuerte espina. Hay que tener cuidado porque en algunos periodos puede ser venenosa.

Rape (o pejesapo)

Lophius piscatorius — Lophiidae (Rapes)

Nombres: c: rap ver; **e:** zapo zuri; **g:** rape.

Descargado habitualmente por los arrastreros, suele comercializarse sin cabeza ni piel.

• **DESCRIPCIÓN:** Tiene el cuerpo aplastado y una cabeza muy ancha, cuya longitud equivale a la de la mitad del cuerpo. La boca es muy grande también. La primera aleta dorsal consta de varios radios espinosos, el primero claramente mayor, que no están unidos entre sí. Las pectorales están unidas al cuerpo mediante una especie de muñón.

Este pez llega a medir 2 m y a pesar 40 kg.

• **HÁBITAT:** Sobre todo fondos arenosos o limosos, graveras y rocas, hasta 1.000 m de profundidad.

• **ALIMENTACIÓN:** Se alimenta fundamentalmente de peces fondícolas (gádidos, peces planos, gobios, triglas), a veces de crustáceos y calamares. Puede aproximarse a su presa apoyándose sobre sus aletas pectorales, pero suele cazar al acecho. Medio escondido, atrae a otros peces con ayuda del primer radio móvil de su aleta dorsal, que lleva en el extremo un apéndice cutáneo que actúa como señuelo.

• **REPRODUCCIÓN:** La puesta tiene lugar en invierno o primavera según las regiones, hasta profundidades cercanas a los 200 m. Las hembras maduran cuando alcanzan unos 35 cm, 50 cm en los machos. Los huevos son depositados en forma de cordones gelatinosos, de hasta 90 cm de ancho y 9-10 m de largo. Cada uno de éstos contiene alrededor de 3 millones de huevos. Cuando se disgregan, los huevos flotan hacia la superficie y eclosionan en unos días. Los alevines miden 4,5 mm y flotan con las corrientes. Cuando tienen 7 mm, les crecen los radios de las aletas, muy grandes, gracias a los cuales flotan. A los 5-6 cm, los jóvenes experimentan una metamorfosis, adquieren su forma adulta y se dirigen hacia el fondo.

Lumpo

Cyclopterus lumpus — Cyclopteridae (Cicloptéridos)

Este curioso pez, que podemos observar a veces en los acuarios públicos bajo el nombre de pez globo, es difícil de ver en los mercados y lonjas. Su carne se consume fresca o ahumada, sobre todo en los países nórdicos, y los huevos se comercializan como sustituto del caviar.

• **DESCRIPCIÓN:** El ciclóptero o lumpo tiene el cuerpo recubierto de pequeños tubérculos y recorrido por cuatro filas de tubérculos más grandes. Las aletas pélvicas forman un disco adhesivo bajo la garganta. Fuera del periodo de reproducción, su coloración habitual fluctúa desde el marrón al azul o el gris; los jóvenes lucen a veces un tono verdoso. Puede sobrepasar los 60 cm.

• **HÁBITAT:** Vive sobre fondos rocosos (desde la costa hasta 300 m de profundidad), a los que se fija gracias a una ventosa adhesiva (las aletas pélvicas modificadas).

En este joven lumpo la primera dorsal no está aún modificada y transformada en una cresta carnosa.

• **ALIMENTACIÓN:** Se compone principalmente de crustáceos; también de gusanos, moluscos y pequeños peces.

• **REPRODUCCIÓN:** Es muy especial. Tiene lugar al final del invierno y principio de la primavera. Los adultos maduros llegan hasta aguas poco profundas del litoral (desde la zona de mareas hasta 70 m de profundidad). Sus costados son entonces de una tonalidad rojo anaranjada en el macho y verde azulada en la hembra. Ésta deposita los huevos en paquetes que el macho ventila y vigila hasta la eclosión. Mientras, las hembras han vuelto a zonas más profundas. Al eclosionar, la larva mide 6 mm y flota en mar abierto. En el invierno siguiente migra hacia las profundidades.

LOS HUEVOS DE LUMPO

Los huevos de lumpo se consideran el caviar de los pobres (tiene menos reputación, pero también es más barato). Éste se produce sobre todo en Dinamarca e Islandia (varios centenares de toneladas). Tras la pesca (generalmente de arrastre), los huevos extraídos de las hembras se conservan en salmuera. Una vez escurridos, se mezclan a mano con sal fina muy pura y conservantes autorizados. A veces se les añade azúcar y aroma de anchoa. En ese momento, los huevos son de color gris oscuro, aunque para hacerlos más atractivos se tiñen de negro o rojo. El producto final es una semiconserva y debe guardarse en frío.

Cabra

Serranus cabrilla Serranidae (Serranos)

Frecuentemente observada en inmersiones, se pesca con caña y se encuentra a veces en los mercados. Se puede utilizar para preparar sopas.

• **Descripción:** Recuerda a un mero en miniatura. De coloración variable según la edad y el hábitat, tiene 9 bandas marrones, más o menos marcadas, 3 líneas generalmente anaranjadas sobre la mejilla y, a menudo, una longitudinal de tono claro. Tamaño: 35 cm.
• **Hábitat:** Vive en fondos duros (rocosos o coralinos) y entre la vegetación. Los jóvenes aparecen cerca de la superficie, mientras que los adultos viven hasta a 500 m de profundidad.
• **Alimentación:** Es una especie voraz que consume presas variadas: gusanos, crustáceos, cefalópodos y peces.
• **Reproducción:** Este pez es un hermafrodita sincrónico: cada individuo es a la vez macho y hembra, y puede comportarse como una cosa o la otra según las circunstancias El periodo de reproducción va de abril a julio.

El tambor

El serrano tambor *(Serranus hepatus)* no supera los 14 cm. Se identifica por sus aletas pélvicas negruzcas y la mancha oscura en medio de la aleta dorsal; otra característica son las bandas marrones, del color del hígado, que le dan su nombre latino. Es menos costero que otros serranos.

Vaca

Serranus scriba Serranidae (Serranos)

Es un pez curioso que acude a veces al encuentro de los submarinistas; se pesca con sedal.

• **DESCRIPCIÓN:** Su cabeza puntiaguda le otorga una silueta característica. La mancha azul que adorna su vientre y los complejos dibujos de la cabeza son también rasgos característicos de esta especie. Tamaño: 25 cm.

• **HÁBITAT:** Solitario y territorial, frecuenta las praderas de posidonias y los fondos rocosos poco profundos, en general de 0 a 30 m de profundidad. Es en el límite entre estos dos tipos de entornos donde más abunda.

• **ALIMENTACIÓN:** Es un pez extremadamente voraz, dotado de una boca muy ancha. Es un predador que caza a la vista. Se alimenta principalmente de peces y crustáceos; en ocasiones, también de moluscos.

• **REPRODUCCIÓN:** La puesta es a principios del verano, cuando ambos reproductores ascienden a mar abierto. Es hermafrodita: se ha visto que un mismo individuo puede hacer sucesivamente el papel de macho (emitiendo esperma) y el de hembra con otra pareja.

A este pez se le ve con frecuencia sobre fondos rocosos, en las proximidades de las praderas de posidonias.

Mero

Epinephelus marginatus Serranidae (Serranos)

Nombres: c: dot; **e:** mero beltz; **g:** mero.

Este pez, muy codiciado por los pescadores submarinos, vive sobre todo en zonas protegidas (reservas y parques submarinos de España, Francia, Córcega...).

• **DESCRIPCIÓN:** Es uno de los peces más grandes con los que pueden encontrarse los submarinistas. Su cuerpo es de color marrón con manchas blancas y una raya blanca característica en las aletas caudal y anal. La librea de los jóvenes es jaspeada y de colores vivos, mientras que la de los individuos de mayor tamaño se vuelve de un tono

pardo grisáceo más uniforme. Este pez, que vive de 40 a 50 años, puede alcanzar 1,5 m y sobrepasar los 65 kg.

• **HÁBITAT:** Vive en fondos rocosos agitados, en aguas costeras tropicales y subtropicales. Allí se refugia en grutas de las que sólo se aleja para alimentarse. A los individuos jóvenes puede encontrárseles a escasa profundidad (entre 5 y 10 m), mientras que los ejemplares adultos llegan a vivir a veces hasta a 200 m.

• **ALIMENTACIÓN:** Los meros son depredadores voraces que se alimentan de moluscos (en particular de pulpos, su bocado favorito), crustáceos y peces.

• **REPRODUCCIÓN:** Tiene lugar durante el verano, en lugares específicos donde se reúnen los adultos. La puesta propiamente dicha no es más que el final de un largo proceso social en el que intervienen la territorialidad de los grandes machos, los reagrupamientos de las hembras y unas libreas específicas que sólo hacen su aparición en el periodo reproductivo. La puesta en sí tiene lugar a unos 10 m del fondo, al concluir el ritual de la parada nupcial. Los huevos y los alevines son planctónicos: se dispersan en las aguas, donde se desarrollan hasta alcanzar un tamaño de 2 o 3 cm, antes de dirigirse a los fondos rocosos en otoño.

Las manchas claras de los jóvenes son grandes y menos fragmentarias que las de los adultos.

Moro rojo

Epinephelus costae Serranidae (Serranos)

Nombres: c: dot; **e:** mero beltz; **g:** mero.

Vive principalmente en el sur del mar Mediterráneo. Los submarinistas pueden observarlo ocasionalmente a lo largo de costas más septentrionales.

- **DESCRIPCIÓN:** De cuerpo bastante alargado, con mandíbula inferior muy prominente. Marcas longitudinales oscuras, a veces con una mancha amarillo anaranjada en el costado, detrás del opérculo. Alcanza un tamaño de al menos 1 m.
- **HÁBITAT:** Entre 10 y 100 m de profundidad, en fondos variados: praderas de posidonias, piedras, arena. Los jóvenes en particular tienden a vivir en pequeños grupos.
- **ALIMENTACIÓN:** Ataca a crustáceos, cefalópodos y otros peces de los que se alimenta. Su mandíbula inferior prominente es una característica definitoria de los depredadores voraces.
- **REPRODUCCIÓN:** Alcanza la madurez sexual a los 4 años; en ese momento el pez es hembra y unos años más tarde se convierte en macho. La puesta tiene lugar en verano; al parecer, está ligada a las fases lunares.

LA VIDA SOCIAL Y AMOROSA DE LOS MEROS

Los meros pueden vivir de 40 a 50 años; alcanzan la madurez sexual a los 5 años. Cambian de sexo con la edad: primero son hembras (entre los 5 y 10 años aproximadamente, cuando tienen un tamaño de 40 a 80 cm), a continuación se convierten en machos. Los adultos son más bien solitarios y muy sedentarios. Permanecen en sus agujeros y se agrupan en zonas favorables, a unas decenas de metros los unos de los otros. La estructura de estas poblaciones, aparentemente muy estable, cambia cuando un individuo de gran tamaño echa a otro más pequeño de una gruta que le gusta; el individuo atacado busca entonces otra gruta, de la que expulsa también al ocupante, y así sucesivamente. Parece que la reproducción sólo puede tener lugar (siempre que las condiciones climáticas, la temperatura, etc., sean favorables) si la población es suficientemente numerosa (10 a 15 individuos al menos).

Cherna

Polyprion americanus Polyprionidae (Serranos)

Nombres: c: dot; **e:** mero beltz; **g:** mero.

Vive en las profundidades, pero los jóvenes pueden aparecer en la superficie, bajo objetos flotantes. A veces se exhibe en acuarios públicos.

• **DESCRIPCIÓN:** Es un predador con boca grande y mandíbula prominente. A menudo de color grisáceo, generalmente jaspeado, en particular cuando es joven. Este pez de gran tamaño alcanza una longitud de 2 m y un peso de 70 kg.

• **HÁBITAT:** Vive en fondos rocosos o arenosos, a partir de 50 o 100 m de profundidad; se ha llegado a pescar a 1.000 m. Los jóvenes son pelágicos y aparecen a veces en grupos entre los barcos hundidos y bajo los restos flotantes de naufragios.

• **ALIMENTACIÓN:** Este predador captura peces, crustáceos y moluscos gracias a su boca, muy hendida y armada con afilados dientes.

• **REPRODUCCIÓN:** Es hermafrodita: cambia de sexo a lo largo de su vida, ya que cada individuo es sucesivamente hembra y luego macho. La reproducción tiene lugar de enero a abril en el Mediterráneo.

«PEZ DE LA MADERA»

Las chernas jóvenes, fácilmente identificables por su coloración oscura con dibujos claros, son conocidas por los pescadores con el nombre de *poissons de bois* ('peces de madera' en francés) o *wreck fishes* ('peces de pecios' en inglés). Esto se debe a que se les encuentra a menudo bajo restos flotantes (madera, algas...): un refugio bienvenido en alta mar y un lugar ideal desde el que acechar y sorprender a una presa que haya tenido la misma idea.

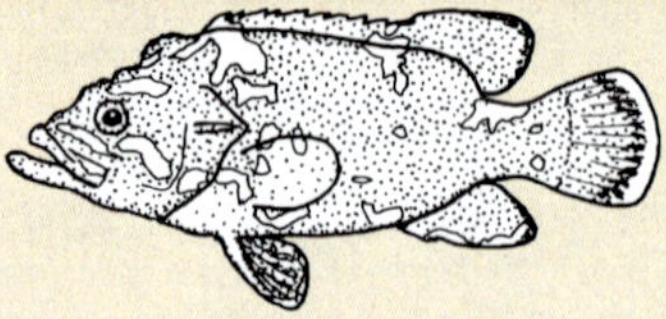

Róbalo (o lubina)

Dicentrarchus labrax Moronidae (Morónidos)

Nombres: c: llobarro, llubina; **e:** lupi; **g:** róbalo o robaliza (hembra), lobina.

Especie muy buscada por su gran interés gastronómico y muy apreciado por los pescadores y submarinistas.

• **DESCRIPCIÓN:** Pez fusiforme de color gris plateado que alcanza un tamaño de 1 m y un peso de unos 10 kg. Las dos dorsales son de tamaño equivalente y la caudal está ligeramente sesgada. Tiene dos espinas sobre el opérculo, así que hay que tener cuidado al manipularlo. Se captura con caña o al arrastre y es una presa muy buscada en la pesca deportiva (en playas de arena) y por los submarinistas.

• **HÁBITAT:** Este pez de litoral prefiere las costas arenosas o rocosas batidas por las olas. También puede vérsele en entornos salobres (desembocaduras de ríos, estanques salados). Es muy resistente a las variaciones de temperatura y salinidad.
• **ALIMENTACIÓN:** Muy voraz, se alimenta principalmente de peces; los jóvenes prefieren los crustáceos. Ronda o acecha a sus presas.
• **REPRODUCCIÓN:** Tiene lugar en invierno en el Mediterráneo y en primavera en el Atlántico, en áreas rocosas poco profundas. La larva mide 3,5 mm en el momento de la eclosión. Primero nada con la zona ventral hacia arriba y adopta la posición normal inversa unos días más tarde. Desde el cuarto día se alimenta de plancton animal.

EL RÓBALO «MANCHADO»

Dicentrarchus punctatus, una especie próximamente emparentada, posee manchas negras en la parte superior de los flancos. Frecuenta fondos arenosos, cenagosos y rocosos. Es de menor tamaño y se pesca con menos frecuencia.

Cría
En los años 1970 se pusieron a punto las técnicas de reproducción y cría de las larvas. Hoy las piscifactorías comerciales abastecen de alevines en diferentes periodos del año a las granjas marinas que se encargan de su engorde (en estanques o jaulas en el mar). Se requieren aproximadamente dos años y medio para obtener un ejemplar de 350 a 400 g.

Barbero

Anthias anthias Anthicidae (Antías)

Conocido por los submarinistas que visitan barcos hundidos en áreas profundas del Mediterráneo, puede vérsele también en acuarios públicos.

• **DESCRIPCIÓN:** Este pez es de color rosado. En los machos, que son más grandes que las hembras, los primeros radios de la dorsal son muy largos y las aletas pélvicas adoptan la forma de palas alargadas. Tamaño: 25 cm.

• **HÁBITAT:** Vive a bastante profundidad, generalmente a partir de 30 o 40 m, sobre fondos rocosos. Se instala en las proximidades de las grutas submarinas y también alrededor de los pecios profundos, formando en ocasiones verdaderas nubes.

• **ALIMENTACIÓN:** El barbero se alimenta en alta mar, capturando de uno en uno pequeños animales planctónicos, principalmente crustáceos.

• **REPRODUCCIÓN:** Los machos son mayores que las hembras y su aspecto y envergadura, algo diferentes. La puesta se produce en primavera.

Apogon

Apogon imberbis Apogonidae

A este representante de una familia fundamentalmente tropical, pariente del salmonete, se le encuentra a veces en las grutas submarinas poco profundas del Mediterráneo.

• **DESCRIPCIÓN:** Es de color rojo anaranjado, a excepción del ojo negro cruzado por dos líneas blancas. Posee dos aletas dorsales. En verano se encuentran a veces machos con la boca increíblemente distendida por los huevos que incuban en ella. Tamaño: 15 cm.

• **HÁBITAT:** Durante el verano el apogon vive en las anfractuosidades y grutas submarinas, con frecuencia cerca de la superficie. En invierno, por el contrario, desciende hasta profundidades de 100 a 200 m.

• **ALIMENTACIÓN:** Sale de su guarida durante la noche para alimentarse de pequeñas presas, en especial, de crustáceos.

• **Reproducción:** El modo de reproducción es sorprendente. Primero la hembra es fecundada internamente. A continuación, el macho recupera los huevos que ella pone y los incuba en la cavidad bucal, sin alimentarse hasta la eclosión. Las larvas se desarrollan en mar abierto.

Entre los apogones que se reúnen durante el día en las grutas se ven individuos con la garganta distendida. Se trata de machos que incuban los huevos en ella.

Dorado

Licha amia Carangidae (Jureles)

Pez combativo, muy buscado por los pescadores submarinos y los deportivos (con caña o a la cacea, con arpón). Su carne es más apreciada que la de la seriola.

• **Descripción:** El dorado tiene un cuerpo alto, muy comprimido lateralmente, con una línea lateral sinuosa muy característica. El dorso tiende hacia el gris plateado, con reflejos verdosos o azulados; los flancos y el vientre son de color plateado. Puede llegar a medir 2 m y a pesar 45 kg. La palometa *(Trachynotus ovatus)*, especie muy próxima, se distingue por la presencia de 4 a 6 manchas oscuras sobre la línea lateral.

• **Hábitat:** Este pez frecuenta las zonas cálidas de alta mar. Vive en bancos más o menos grandes y en ocasiones se aproxima a las costas. Es un excelente nadador y realiza migraciones.

• **Alimentación:** Se trata de un voraz carnívoro que se alimenta principalmente de peces gregarios en mar abierto (sardinas, anchoas, arenques).

• **Reproducción:** En primavera y verano, cerca de las costas.

Seriola

Seriola dumerili Carangidae (Jureles)

Más corriente que la especie anteriormente descrita, es también una presa muy buscada tanto por los submarinistas como por los pescadores.

• **DESCRIPCIÓN:** Tiene el cuerpo más alargado y menos rechoncho que el de la licha, con la que a veces se la confunde. La línea lateral es poco sinuosa. El dorso es gris o azul plateado, los costados y el vientre más claros. Los jóvenes tienen una coloración de fondo amarillenta, cruzada por bandas verticales oscuras. Puede llegar a medir 2 m y pesar 80 kg.

• **HÁBITAT:** Frecuenta las aguas costeras en pequeños bancos. Es buena nadadora y vive también en mar abierto, más hacia alta mar y por encima de fondos rocosos. Los alevines viven a menudo bajo las medusas, protegidos por sus tentáculos, o bajo objetos flotantes.

• **ALIMENTACIÓN:** Se compone de pequeños peces, de crustáceos y jibias. Es probable que los jóvenes puedan alimentarse de las medusas que les sirven de protección.

• **REPRODUCCIÓN:** Se reproduce en primavera y en verano, según las diferentes regiones.

Las seriolas se unen para cazar en pequeños grupos.

Jurel común

Trachurus trachurus Carangidae (Jureles)

Nombres: c: sorell verd; **e:** txitxarro arrunt; **g:** xurelo, chincho (pequeño).

Pez frecuente en las lonjas, que posee una carne seca muy apreciada en el norte de África.

• **DESCRIPCIÓN:** Cuerpo esbelto, diseñado para la natación. Una línea lateral principal que se encorva hacia la mitad del cuerpo, recubierta de grandes escamas características. Una segunda línea lateral, que acaba al final de la segunda dorsal, no tiene esas escamas, lo que le distingue del jurel de cola amarilla (*Trachurus mediterraneus*), especie emparentada, que vive en el Atlántico y el Mediterráneo, más cerca de la costa, a veces en estuarios.

Trachurus mediterraneus

• **HÁBITAT:** Es un pez de mar abierto, que puede vivir cerca del fondo. Migra hacia la costa en verano y vuelve a mar abierto en invierno, descendiendo hasta los 500 m. Es un buen nadador que se desplaza en bancos.
• **ALIMENTACIÓN:** Los jóvenes se alimentan de pequeños crustáceos y peces; los adultos consumen además cefalópodos.
• **REPRODUCCIÓN:** Tiene lugar de primavera a verano. La hembra pone varios millares de huevos de 0,8 mm de diámetro, que flotan entre el plancton. Cuando eclosionan, las larvas miden 2,5 mm. Como los alevines, viven en pequeños grupos de una decena de individuos, al abrigo de las medusas. Los filamentos urticantes de éstas los defienden de sus enemigos.

DIFERENCIAS ENTRE JUREL COMÚN Y JUREL DE COLA AMARILLA

Especies	2.ª línea lateral	Mancha opérculo	Aleta pectoral	
Jurel común	hasta el final de la 2.ª dorsal	redondeada	supera la curva de la línea lateral	 Jurel común
Jurel de cola amarilla	hasta el inicio de la 2.ª dorsal	alargada	no la sobrepasa	 Jurel de cola amarilla

Dorada

Sparus aurata Sparidae (Espáridos)

Nombres: c: orada; **e:** txelba urraburu; **g:** dourada.

Pez excelente, de carne fina, muy buscado por pescadores y submarinistas. Presente a menudo en acuarios públicos. Se venden otros peces bajo el mismo nombre, lo que da lugar a confusiones.

• **DESCRIPCIÓN:** Cuerpo rechoncho, comprimido lateralmente. Mancha negra al comienzo de la línea lateral y banda dorada entre los ojos, visible sobre todo en ejemplares vivos o recientemente pescados. Estas dos características impiden confundirla con otras especies de nombres similares (dorada roja, dentón) y con sargos grandes. Rara vez supera los 70 cm.

• **HÁBITAT:** La dorada es un pez costero, que vive a poca profundidad en las inmediaciones de zonas rocosas. Se trata de una especie cuyos individuos viven en solitario o en grupos pequeños. Puede soportar importantes variaciones en la salinidad del agua, pero es extremadamente sensible a las bajas temperaturas. Los jóvenes penetran en primavera en los estanques costeros salados y regresan al mar en otoño.

Pesca deportiva

La dorada se pesca con sedal, desde la orilla o desde embarcación. La caña ha de ser robusta. Los cebos más utilizados son las navajas, los cangrejos de mar, los gusanos o trozos de jibia. En algunos lugares se pescan durante el otoño, cuando abandonan las lagunas costeras para regresar al mar. Con la llegada de los primeros fríos, pueden verse cientos de pescadores dispuestos en apretadas filas a lo largo de los canales que comunican los estanques salados con el mar, lo que causa cierta tensión y algunos enredos memorables.

PESCA Y CRÍA

La dorada es muy buscada por su valor comercial, nada despreciable. Habitualmente se la pesca al arrastre en mar abierto y las capturas son poco importantes (200 a 400 t al año). Desde hace unos años se han emprendido investigaciones para criarla en cautividad. Gracias a diferentes técnicas (utilización de la luz y de la temperatura), la puesta puede extenderse a una gran parte del año (en lugar de los pocos meses del periodo natural). Se provoca mediante la inyección de hormonas. El pequeño tamaño de la boca de la larva requiere su cría junto con la de pequeñas presas planctónicas vivas. La crianza puede realizarse en piscina, en tierra, o en jaulas marinas. La producción en general sigue siendo aún poco considerable, pero hay países en todo el contorno del Mediterráneo que se han embarcado en la producción de doradas de criadero.

• **Alimentación:** Se compone esencialmente de crustáceos y moluscos fondícolas. La fuerte dentadura de la dorada le permite romper con facilidad caparazones y conchas.
• **Reproducción:** Su sexualidad es muy peculiar: primero es macho, y hacia los tres años de edad se convierte en hembra (los peces que cambian de sexo a lo largo de su vida se llaman hermafroditas; esta particularidad afecta a pocas especies). Se reproduce en noviembre-diciembre en el Mediterráneo y en primavera en el Atlántico. La puesta tiene lugar en el fondo, entre 30 y 50 m. Huevos y larvas son planctónicos.

Muy costeras, las jóvenes doradas se instalan en las praderas de los litorales.

Pagro (o pargo)

Sparus pagrus Sparidae (Espáridos)

Raro de ver en inmersión, este pez, muy apreciado por su carne, es capturado por arrastreros.

• **Descripción:** De color más o menos rosado, en especial sobre el dorso, donde luce en ocasiones puntos azules. Se le reconoce por su frente convexa y su aleta caudal bifurcada con las puntas bordeadas de blanco azulado, muy visible en el animal vivo. Tamaño: 75 cm para un peso de 10 kg.
• **Hábitat:** Frecuenta fondos diversos, generalmente cerca de las rocas. En verano aparece a partir de 10 a 20 m de profundidad (los individuos jóvenes son a veces más litorales en zonas ricas en algas). En invierno se le localiza a más profundidad (hasta 200 m).
• **Alimentación:** Este pez se alimenta esencialmente de crustáceos, moluscos y peces, así como de algas.
• **Reproducción:** La puesta tiene lugar de primavera a verano. Los huevos, de 1 mm de diámetro, se desarrollan en mar abierto. Los jóvenes se acercan a la costa cuando alcanzan una longitud de 1,5 cm.

Chopa (o lija)

Spondyliosoma cantharus — Sparidae (Espáridos)

Nombres: c: càntara; **e:** txopa; **g:** pancha.

Vendida también como dorada gris, se captura con redes de arrastre y con caña en pesca deportiva.

- **Descripción:** Tiene un cuerpo alto con boca puntiaguda y unas líneas amarillentas más o menos visibles. En los individuos de mayor tamaño (machos), se desarrolla una joroba en la nuca y el cuerpo se cubre de líneas azuladas. Tamaño: 50 cm.
- **Hábitat:** De tendencias gregarias, la chopa vive en fondos blandos o rocosos, generalmente profundos (50 a 100 m), aunque puede acercase a las costas en verano. Los jóvenes son más litorales.

- **Alimentación:** Esta especie se alimenta de gusanos, moluscos, crustáceos, peces y algas.
- **Reproducción:** Cada individuo es primero hembra y después macho (a partir de los 30-35 cm). La puesta tiene lugar durante la primavera o a principios del verano, en un nido excavado en la arena. El macho vigila los huevos durante 9 días, tiempo que tarda en producirse la eclosión. La larva vive en mar abierto durante aproximadamente dos meses.

Identificación de los distintos pageles
Breca *(Pagellus erythrinus)*: frente recta y hocico puntiagudo; color rosado.
Besugo *(Pagellus bogaraveo)*: ojo grande, mancha negra detrás de la cabeza, poco visible en los jóvenes, que además son menos rosados que los adultos.
Aligote *(Pagellus acarne)*: hocico arqueado, mancha negra, rojiza a veces, en el ángulo de inserción de las aletas pectorales.

Pagel (o breca)

Pagellus erythrinus Sparidae (Espáridos)

Nombres: **c:** pagell ver; **e:** lamote; **g:** breca.

Las tres especies de pageles (besugo, aligote y breca) no son fáciles de ver para los submarinistas; se pescan con redes de arrastre y son frecuentes en las lonjas de pescado.

• **DESCRIPCIÓN:** Perfil frontal rectilíneo y hocico puntiagudo. De color rosado, luce a menudo pequeños puntos azules. El borde posterior del opérculo y el punto de inserción de las pectorales son generalmente de color marrón rojizo.
Tamaño: 50 cm.

• **HÁBITAT:** Como sus primos, es un pez gregario y semipelágico (vive en mar abierto, a unos metros por encima del fondo). Aparece principalmente entre 15 y 30 m de profundidad en verano, a mayor profundidad en invierno. Los individuos jóvenes pueden ser más litorales.
• **ALIMENTACIÓN:** Esta especie se alimenta principalmente en el fondo. Consume pequeños peces y diversos invertebrados. Los otros pageles capturan también presas en mar abierto.
• **REPRODUCCIÓN:** El pagel común o breca es hermafrodita: hembra en principio, se convierte en macho a los 3 años. La puesta tiene lugar desde finales de la primavera al verano; los huevos se desarrollan en mar abierto. Sus primos, también hermafroditas, se transforman al revés: primero machos y después hembras.

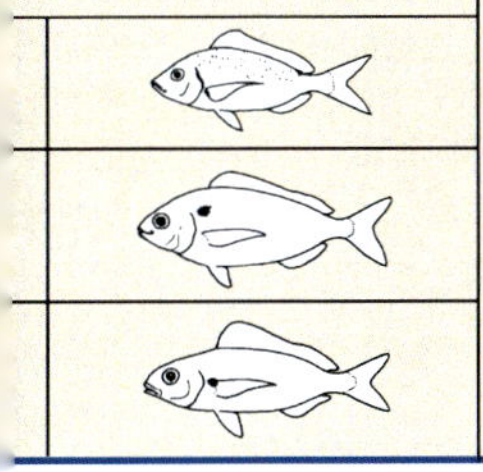

Pagellus acarne

Pagellus bogaraveo

Oblato

Oblada melanura Sparidae (Espáridos)

Avistado a menudo por los pescadores submarinos, se pesca con sedal desde costas rocosas.

• **Descripción:** También conocido como boya, se identifica fácilmente por su ojo de gran tamaño y la mancha negra del pedúnculo caudal, cercada de blanco. Los costados son de un color gris azulado, a menudo con líneas longitudinales oscuras. Tamaño: 25 cm.

• **Hábitat:** En verano es un pez de litoral: vive en bancos en mar abierto, a unos metros de la orilla; hasta la zona de resaca, los jóvenes. En invierno permanece en entornos rocosos o entre la vegetación, pero puede desplazarse a mayor profundidad.

• **Alimentación:** Esta especie de chopa se alimenta en el fondo o en mar abierto. Consume distintos invertebrados y algas.

• **Reproducción:** La puesta se hace entre la primavera y principios del verano, en mar abierto, donde también se desarrollan los huevos y las larvas.

Los oblatos, o boyas, son peces gregarios que se desplazan exclusivamente en mar abierto.

Sargo común

Diplodus sargus Sparidae (Espáridos)

Nombres: c: sard; **e:** muxar handi; **g:** sargo.

Observado a menudo bajo el agua, es una de las presas favoritas de los pescadores submarinos del Mediterráneo.

• **DESCRIPCIÓN:** De color gris plateado, con el vientre más claro y los costados marcados por líneas verticales oscuras. La mancha negra del pedúnculo caudal tiene forma de silla de montar. La membrana opercular es negruzca. Los individuos de mayor tamaño alcanzan 40 cm.

• **HÁBITAT:** Especie costera, que frecuenta fondos rocosos, desde la superficie hasta unos 20 m de profundidad. Durante el verano se aventura también en lagunas litorales. Es un pez de tendencias gregarias, aunque los individuos más grandes son solitarios.

• **ALIMENTACIÓN:** Su robusta boca, armada con sólidos molares, le permite machacar la concha de moluscos, crustáceos e incluso erizos de mar.

• **REPRODUCCIÓN:** La puesta ocurre en primavera en el Mediterráneo. Los huevos, flotantes, se dispersan entre las aguas.

Los sargos se agrupan a veces en grandes bancos, aunque a menudo son solitarios. Se ocultan cerca del fondo.

Sama

Diplodus puntazzo Sparidae (Espáridos)

No es frecuente verlo durante las inmersiones y la pesca submarina ni abunda en las lonjas y los mercados.

• **DESCRIPCIÓN:** Este sargo de hocico puntiagudo tiene un color muy similar al del sargo común. Se diferencia de éste por el hocico puntiagudo, con incisivos orientados hacia delante. Además, la mancha del pedúnculo caudal rodea éste totalmente. Tamaño: 45 cm.

• **HÁBITAT:** Es un pez costero que vive sobre fondos rocosos y al borde de las praderas de posidonias. Se aventura hasta los 50 m de profundidad. Suele vivir en solitario, salvo los individuos más jóvenes.

• **ALIMENTACIÓN:** Se alimenta sobre todo de algas, que roe o arranca con sus dientes espatulados, y de los pequeños invertebrados que allí encuentra. En ocasiones ataca presas algo mayores.

• **REPRODUCCIÓN:** Esta especie se reproduce en septiembre-octubre. Los huevos, que flotan gracias a una gotita de aceite, son dispersados por las corrientes. Seis meses más tarde, los jóvenes miden alrededor de 5 cm y se reúnen en aguas litorales.

Mojarra

Diplodus vulgaris Sparidae (Espáridos)

Los submarinistas se los encuentran habitualmente en el Mediterráneo; también es una captura frecuente con sedal.

- **DESCRIPCIÓN:** Posee una ancha banda negra en la nuca. La cabeza muestra, además, reflejos azulados. Los flancos, de color gris plateado, están estriados de líneas amarillas, más o menos visibles. Una mancha negra rodea el pedúnculo caudal. Tamaño: 30 cm.
- **HÁBITAT:** Presente hasta 20 m de profundidad, prefiere los litorales rocosos cubiertos de algas. A veces se aventura entre las praderas de posidonias. Aunque es frecuente que los individuos grandes sean solitarios, los jóvenes suelen reunirse en grupos, en ocasiones con otras especies de sargos.
- **ALIMENTACIÓN:** Se alimenta de presas pequeñas, como gusanos, crustáceos, moluscos, cuya concha rompe fácilmente gracias a sus fuertes molares.
- **REPRODUCCIÓN:** La puesta tiene lugar en octubre. Los huevos son flotantes y los alevines viven en mar abierto hasta que miden 1 o 2 cm.

Las diferentes especies de sargos son unos de los peces más típicos en los fondos costeros mediterráneos.

Esparallón (o rubiel)

Diplodus annularis Sparidae (Espáridos)

El más pequeño de los sargos puede observarse en las proximidades de las praderas marinas; pica a veces con caña.

• **DESCRIPCIÓN:** De color en general plateado, con una mancha negra sobre el pedúnculo caudal y aletas pélvicas amarillas. Según su humor, puede volverse jaspeado (si está asustado) o mostrar barras verticales oscuras. Tamaño: 18 cm.

• **HÁBITAT:** Es un pez relativamente gregario, que vive a poca profundidad, a menudo en los 10 m primeros de agua. Frecuenta las praderas de posidonias y sus inmediaciones, en particular las zonas rocosas. Puede adentrarse en lagunas litorales, y los individuos más jóvenes, en los puertos.

• **ALIMENTACIÓN:** Esta especie carnívora consume principalmente pequeños crustáceos, gusanos y moluscos que captura en el fondo.

• **REPRODUCCIÓN:** Se reproduce de abril a junio. Los huevos son flotantes y los alevines se desarrollan en mar abierto hasta que miden de 15 a 30 mm.

Marbrea

Lithognathus mormyrus Sparidae (Espáridos)

Este pez de carne muy apreciada puede verse buceando en fondos arenosos. Es capturado por arrastreros y pequeños barcos de pesca.

• **DESCRIPCIÓN:** La marbrea tiene una silueta característica, con su hocico puntiagudo y la boca que se abre hacia abajo. La parte superior de los costados exhibe líneas de color marrón, como las que deja una parrilla. Tamaño: 50 cm.

• **HÁBITAT:** Vive principalmente en fondos arenosos, donde se agrupa en bancos a veces grandes. Se le encuentra sobre todo en los primeros 20 metros. Puede llegar hasta los estuarios y las lagunas costeras.
• **ALIMENTACIÓN:** Se alimenta revolviendo la arena en busca de crustáceos, bivalvos o equinodermos, cuya concha rompe gracias a los fuertes molares que tapizan su cavidad bucal.
• **REPRODUCCIÓN:** La marbrea es hermafrodita: cada individuo atraviesa una fase masculina y más tarde otra femenina. Las hembras son mayores que los machos. La puesta tiene lugar a principios del verano en el Mediterráneo.

Salpa

Salpa salpa — Sparidae (Espáridos)

Nombres: c: salpa; **g:** saboga.

Vista con frecuencia en aguas del Mediterráneo, incluso en puertos, donde se pescan ejemplares jóvenes con sedal.

• **DESCRIPCIÓN:** Su coloración es un rasgo característico: finas líneas amarillas longitudinales, siempre bien marcadas. Según la edad, el color de fondo varía del beis plateado (jóvenes) al gris azulado. Tamaño: 40 cm.
• **HÁBITAT:** Vive en las costas rocosas y en las praderas de posidonias, donde se desplaza en bancos compactos constituidos por individuos del mismo tamaño. Los jóvenes permanecen en la superficie, mientras que los adultos se aventuran hasta 15 m de profundidad.
• **ALIMENTACIÓN:** Este pez herbívoro arranca las algas del fondo. Consume también los pequeños invertebrados que encuentra en ellas.
• **REPRODUCCIÓN:** Las salpas o sabogas cambian de sexo en el transcurso de su vida. Maduran sexualmente a los 3 años: primero son machos y, a los 4 años, hembras. La puesta se efectúa en otoño en el Mediterráneo.

Boga

Boops boops Sparidae (Espáridos)

Nombres: c: boga; **e:** boga; **g:** boga.

Los submarinistas se encuentran a menudo con bancos de bogas. Este pez es desechado a veces por los pescadores profesionales debido a su escaso valor comercial.

• **DESCRIPCIÓN:** Su cuerpo es muy fusiforme para ser un espárido. Se la distingue de otros peces de silueta alargada que viven en mar abierto por el ojo grande, las escamas bien visibles y las líneas longitudinales oscuras que luce sobre los costados plateados. Puede alcanzar un tamaño de 30 cm.

La boga es uno de los espáridos que aceptan sin reparo las ofrendas de los submarinistas.

• **HÁBITAT:** Este pez, fundamentalmente de litoral, vive en un área entre la orilla y los 150 m de profundidad, según las estaciones. Igualmente, puede desplazarse –en bancos poco compactos– del fondo a la superficie, dependiendo, en particular, de la temperatura del agua.

• **ALIMENTACIÓN:** La boga se alimenta en el fondo. Consume lo mismo pequeños invertebrados que esponjas o algas, pero puede alimentarse también de plancton en mar abierto, especialmente los ejemplares jóvenes.

• **REPRODUCCIÓN:** La puesta de los huevos, que son flotantes, se produce en mayo-junio. La especie es hermafrodita: en la primera fase es hembra y en la siguiente macho.

¿MENDOLA, GERLA O PICAREL?

Los especialistas reconocen tres especies íntimamente emparentadas, cuya identificación resulta difícil por lo variable de la forma y el color de cada una de ellas (factores estos vinculados con la edad, el cambio de sexo y la actividad reproductora). La gerla *(Spicara flexuosa)*, muy similar a la mendola o mustela, es un poco más esbelta y tiene una aleta dorsal más alta; los machos lucen líneas azules onduladas.

Mendola

Spicara maena Centracanthidae

Las mendolas (o casgareles) y los picareles (o esparos) pueden verse en grandes bancos sobre fondos blandos o en las proximidades de praderas marinas. A veces se pescan con caña, pero su interés culinario es prácticamente nulo.

- **DESCRIPCIÓN:** Tiene una boca puntiaguda y protráctil, que extiende en forma de tubo. Los jóvenes y las hembras tienen el dorso gris azulado y los costados plateados. Los machos tienen el cuerpo más alto, una ligera joroba detrás de los ojos y el cuerpo cubierto de vermículas de un azul intenso. Tamaño: 25 cm.
- **HÁBITAT:** Vive generalmente en mar abierto, sobre praderas marinas y en las inmediaciones de los fondos rocosos. Aunque puede descender hasta 200 m de profundidad en invierno, es un pez de litoral durante el verano y pasa la noche a pocos metros de la superficie.
- **ALIMENTACIÓN:** Se alimentan en el fondo de aguas abiertas. Comen crustáceos y pequeños invertebrados.
- **REPRODUCCIÓN:** Los centracántidos son hermafroditas: su primera fase es femenina, poco coloreada, y se transforman después en machos de un brillante color. Se reproduce durante el verano. Los machos se agrupan en una zona arenosa, entre los 10 y 20 m de profundidad. Allí, cada uno excava un nido en la arena y exhibe sus colores más brillantes para atraer a las hembras. Una vez depositados los huevos en el nido, son ventilados y defendidos por el macho hasta la eclosión. A continuación, las larvas se desarrollan en aguas abiertas.

El picarel o esparo *(Spicara smaris)* tiene un cuerpo más ahusado y es bastante fácil de reconocer. En estas tres especies los machos tienen un cuerpo más alto que el de las hembras.

Gerla
(Spicara flexuosa)

Castañola

Chromis chromis Pomacentridae

Se trata de uno de los peces más típicos de los fondos rocosos mediterráneos, familiar tanto para pescadores como para submarinistas.

• **Descripción:** Por su cola en tijera se la conoce también como golondrina de mar. Es de un color marrón violáceo característico, con grandes escamas muy visibles. Bajo el agua y desde lejos parece negra. Tamaño: 12 cm.

• **Hábitat:** A este pez puede vérsele en mar abierto, unos metros por encima de los fondos rocosos o de las praderas de posidonias, entre la superficie y los 15 a 25 m de profundidad. Forma bancos, a veces gigantescos, que suelen ser estacionales. Al menor signo de peligro, los peces se esconden en las grietas del fondo. Estos rápidos desplazamientos de los cardúmenes, que hacen ondear los bancos como grandes olas, son un espectáculo digno de contemplarse. En invierno pasan la mayor parte del día ocultos en agujeros y pueden descender a mayor profundidad.

• **Alimentación:** Se alimenta sobre todo en aguas abiertas, engullendo pequeños animales planctónicos, en particular crustáceos.

• **Reproducción:** Durante el periodo de puesta (la mayor parte del verano) los machos se reúnen en ciertas zonas propicias para establecer sus territorios. En el centro de cada territorio, que no supera unas decenas de centímetros de diámetro, el macho limpia una pequeña superficie rocosa donde serán depositados los huevos. Durante las paradas nupciales, destinadas a atraer a las hembras, realizan un desplazamiento en forma de ascenso en vertical, seguido de una agitación frenética cuando se aproxima una de ellas. A continuación, mientras la hembra hace la puesta, el macho pasa repetidamente sobre los huevos adheridos para fecundarlos. La eclosión tiene lugar unos días más tarde y las larvas se desarrollan en mar abierto durante 3 o 4 semanas. Cuando los alevines miden 1 cm, experimentan una metamorfosis: en unos pocos días el cuerpo y la cola se pigmentan por completo, adquiriendo un tono marrón oscuro; además, aparecen líneas de un color azul iridiscente cubriendo gran parte de su cuerpo. En esta fase, los alevines se agrupan a la entrada de cavidades rocosas, en cuyo interior se precipitan a la menor señal de alarma. Según van creciendo, pierden su coloración azulada.

Los individuos más jóvenes tienen la parte anterior del cuerpo cubierta de líneas de un azul brillante. Las van perdiendo a medida que crecen y desaparecen al cabo de 2 o 3 meses.

Roncador

Sciaena umbra Sciaenidae (Esciaénidos)

Presa codiciada por los pescadores submarinos, el roncador empieza a escasear en muchos lugares.

• **DESCRIPCIÓN:** El roncador posee dos aletas dorsales. Tiene una coloración típica, marrón con reflejos de color bronce, más clara en el vientre. Las aletas pélvicas y anal, oscuras, tienen el primer radio espinoso blanco. Tamaño: 75 cm.

• **HÁBITAT:** Es posible verlo, generalmente en pequeños grupos, en la entrada de grutas submarinas o entre los apilamientos de rocas, así como en las praderas de posidonias. Durante el verano se instala a entre 10 y 30 m de profundidad, aunque en ocasiones ha sido avistado incluso a 180 m.

• **ALIMENTACIÓN:** Es un pez carnívoro que se alimenta sobre todo de noche. Caza peces, crustáceos y moluscos.

Los más jóvenes, que son de color marrón broncíneo por entero, tienen las aletas mucho más alargadas que los adultos.

• **REPRODUCCIÓN:** El roncador se reproduce desde primavera a verano en aguas costeras de la zona mediterránea. Los huevos son planctónicos y las larvas se desarrollan en aguas abiertas. Cuando regresan al fondo marino, los individuos jóvenes tienen unas aletas mucho más desarrolladas que sus congéneres adultos.

Corvina

Umbrina cirrosa Sciaenidae

Nombres: c: carb; **e:** arrano-berrugeta; **g:** corbina.

La carne de este pez es muy apreciada. Es posible verlo a veces en los mercados, y en ocasiones es capturado por pescadores deportivos.

• **DESCRIPCIÓN:** Coloración característica, más o menos plateada, con líneas amarillentas oblicuas orientadas hacia arriba. Cuenta con dos aletas dorsales y una barbilla corta en el mentón. Tamaño: 1 m.

Esta corvina posee un barbillón corto bajo el mentón.

• **HÁBITAT:** Pez de litoral que frecuenta sobre todo los fondos blandos (cieno, arena) y en ocasiones los rocosos. Es muy solitario. Los jóvenes pueden remontar las aguas poco saladas de los estuarios.
• **ALIMENTACIÓN:** Esta especie es carnívora y se alimenta en el fondo, a veces revolviendo la arena para consumir distintos invertebrados (crustáceos, gusanos, moluscos).
• **REPRODUCCIÓN:** En el Mediterráneo, tiene lugar en junio. Los huevos miden aproximadamente 1 mm y se desarrollan en aguas abiertas.

CORVINA DE ALTA MAR

La forma de *Umbrina canariensis* recuerda a la del roncador, aunque se distingue de éste por el barbillón corto que posee bajo el mentón. Por su coloración se la llama también corvina bronce. Vive en las proximidades de fondos blandos, en los que se alimenta (principalmente entre 50 y 300 m de profundidad). Puede superar los 60 cm de longitud.

Salmonete de roca

Mullus surmuletus — Mullidae (Salmonetes)

Nombres: c: moll roquer; **e:** haitzetako barbarin; **g:** salmonete da pedra.

Sólo en la pescadería descubriremos salmonetes verdaderamente rojos; bajo el agua su color es menos brillante.

• **DESCRIPCIÓN:** El salmonete de roca (o mulla) posee dos barbillones en el mentón. Su frente es marcadamente oblicua y la primera dorsal luce bandas amarillas o marrones. Su color varía según la edad y el entorno: claro con línea marrón en jóvenes que viven sobre arena y más oscuro y jaspeado en los que viven en fondos rocosos. Los adultos, asentados en las profundidades, son rojizos. Tamaño: 40 cm.
• **HÁBITAT:** Vive en fondos rocosos, praderas marinas, fondos de conchas o grava. Los jóvenes frecuentan en grupo las arenas poco profundas; los adultos pueden vivir hasta a 100 m de profundidad.
• **ALIMENTACIÓN:** Antes de capturarlas, localiza a sus presas (crustáceos, gusanos...) gracias a sus barbillas táctiles, a veces removiendo la arena.

• **REPRODUCCIÓN:** Al parecer, la puesta ocurre en las profundidades a finales de la primavera. Los alevines se desarrollan en aguas abiertas hasta que alcanzan los 4 cm. En ese momento son plateados con reflejos azulados, parecidos a las sardinas.

El salmonete de fango *(Mullus barbatus)*
Se distingue del salmonete de roca por la frente más abombada y la primera dorsal transparente (la misma que luce bandas en el salmonete de roca). Vive exclusivamente sobre fondos cenagosos, entre 100 y 300 m de profundidad. Mide 25 cm.

Tras su etapa larvaria estos jóvenes salmonetes de entre 4 y 5 cm se dirigen al fondo. Algunos no han perdido todavía la coloración plateada.

Maragota

Labrus bergylta Labridae (Lábridos)

Nombres: **e:** durdo.

Los submarinistas de las costas atlánticas se encuentran a menudo con este pez colorido; se pesca también con sedal.

• **DESCRIPCIÓN:** Puede adoptar colores muy variados: marrón, verde o rojo, uniforme o jaspeado, con o sin puntos claros. Los jóvenes son a menudo de color verde intenso, a veces con una línea longitudinal blanca. En todos los casos, tiene unos labios muy desarrollados. Tamaño: 60 cm.

• **HÁBITAT:** Es una especie de litoral, que aparece en la zona de mareas y hasta los 50 m de profundidad. Vive en fondos rocosos, en especial en campos de laminarias. Los ejemplares jóvenes se acercan más a la orilla, con frecuencia hasta las praderas de zosteras.

• **ALIMENTACIÓN:** Carnívoro, se alimenta de moluscos y crustáceos.

• **REPRODUCCIÓN:** La puesta tiene lugar desde la primavera hasta comienzos del verano. Los huevos son depositados en el fondo, en un lugar preparado por el macho. En ese nido ponen sucesivamente sus huevos varias hembras, ya que el macho de esta especie se empareja con varias.

Los juveniles que se observan entre la vegetación (arriba) con frecuencia son de un color verde intenso.

Merlo

Labrus merula Labridae (Lábridos)

Para el buceador y el aficionado a la pesca submarina, no es raro encontrarse con él.

• **DESCRIPCIÓN:** El merlo, labro o zorzal marino, tiene una coloración que varía según los individuos y la edad. Generalmente marrón o verdoso, a veces muy oscuro, otras jaspeado, puede estar más o menos cubierto de puntos azules; siempre con una franja azul en la dorsal y anal. Puede vivir 16 años y llega a medir 45 cm.

• **HÁBITAT:** Especie costera, no vive por debajo de los 50 m de profundidad; los jóvenes se sitúan más cerca de la superficie. Habita principalmente fondos rocosos y praderas de posidonias.

• **ALIMENTACIÓN:** Consume todo tipo de gusanos, moluscos y crustáceos, que captura en el fondo.

• **REPRODUCCIÓN:** Cambia de sexo en el transcurso de su vida: cada individuo es primero hembra (desde los 4 a los 9 años) y más tarde macho. El periodo de reproducción se extiende desde el invierno a principios del verano. Los grandes machos territoriales se revisten entonces con una librea de un hermoso azul oscuro. Asedian a las hembras y las atraen mediante una breve parada realizada encima de una cavidad excavada entre las rocas, donde tendrán lugar la puesta y la fecundación. Los huevos quedan abandonados. Las larvas son planctónicas.

En periodo de reproducción, el color de los machos pasa a ser azul oscuro.

Gallano

Labrus bimaculatus Labridae (Lábridos)

Nombres: c: tord ver.

Pescado a veces con sedal, visto a menudo por buceadores.

• **DESCRIPCIÓN:** La librea difiere mucho según los sexos: la hembra, de color salmón, posee 3 o 4 manchas en la parte superior del dorso que alternan con manchas blancas; el macho tiene el cuerpo cubierto casi por completo de líneas azules y su color de fondo es amarillento. Tamaño: 40 cm.

• **HÁBITAT:** Este pez vive por debajo de la zona de mareas, hasta los 30 m de profundidad, algo más en el Mediterráneo. Es posible verlos sobre fondos rocosos, en los campos de laminarias o en prados de algas. Los jóvenes viven a menor profundidad que los adultos.

• **ALIMENTACIÓN:** Sus presas son diversos crustáceos y moluscos que capturan en el fondo.

• **REPRODUCCIÓN:** La mayoría de los individuos cambian de sexo; son primero hembras y, al cabo de 4 a 6 años, machos. La puesta tiene lugar en verano. El macho excava un nido entre las rocas; a continuación, cuida de los huevos allí depositados.

Macho

Hembra

Mientras que las hembras son tímidas, los machos se dejan ver más, en especial durante la etapa reproductora.

Grisa

Labrus viridis Labridae (Lábridos)

Esta especie, que puede observarse sobre todo buceando, es frecuente también en los acuarios públicos de la costa mediterránea.

• **DESCRIPCIÓN:** Como la de la maragota, la coloración es extremadamente variable: fondo verde, marrón amarillento o rojizo, salpicado a menudo (aunque no siempre) de numerosas manchas claras y en ocasiones con una línea longitudinal blanca. Son características su forma, muy esbelta, y sus fuertes mandíbulas con labios poco desarrollados. Tamaño: 40 cm.
• **HÁBITAT:** Frecuenta las praderas de posidonias y los fondos rocosos agitados, donde se oculta a veces bajo las piedras. Puede vérsele desde la superficie (jóvenes) hasta los 30 m de profundidad.
• **ALIMENTACIÓN:** Es un depredador que ataca a crustáceos y equinodermos, pero sobre todo a otros peces.

Incluso en la etapa adulta, la coloración de la grisa puede variar mucho de un individuo a otro.

• **REPRODUCCIÓN:** Esta especie se reproduce en invierno y en primavera. Es hermafrodita: cada individuo es primero hembra y, entre los 5 y 10 años, se convierte en macho. Al parecer, los individuos de mayor tamaño (machos) son territoriales, mientras que las hembras exhiben una movilidad mucho mayor.

Las jóvenes grisas que habitan entre las posidonias son de color verde característico.

Porredana

Symphodus melops Labridae (Lábridos)

Nombres: c: tord roquer.

Esta especie se observa con frecuencia en los charcos de marea y durante las inmersiones.

• **DESCRIPCIÓN:** Pertenece al grupo de los crenilabros. De color beis parduzco, con 2 o 3 líneas negras longitudinales; los machos exhiben abundantes dibujos azules. Se le reconoce por una mancha negra en forma de judía o media luna detrás del ojo. Tamaño: 25 cm.

• **HÁBITAT:** Especie litoral, que vive hasta a 30 m de profundidad, entre laminarias y plantas y sobre fondos rocosos. Los jóvenes frecuentan la zona de las mareas.

Hembra

Durante el periodo de reproducción, los machos se cubren de líneas y puntos azules.

• **ALIMENTACIÓN:** La porredana se alimenta de diversos invertebrados, moluscos y crustáceos que engulle gracias a unos labios muy desarrollados.

• **REPRODUCCIÓN:** Entre los meses de mayo y julio, los machos construyen nidos con algas en los que las hembras depositan los huevos. Los machos vigilan los huevos hasta el momento de la eclosión. Las larvas se desarrollan en mar abierto.

Crenilabro de 5 manchas

Symphodus roissali Labridae (Lábridos)

Es fácil de observar, incluso con sólo unas gafas de buceo, porque abunda cerca de la superficie.

• **DESCRIPCIÓN:** El crenilabro de cinco manchas es de color marrón con manchas o jaspeados, en ocasiones con dos bandas longitudinales oscuras. Los machos son de colores más vivos, con dibujos verdes y rojos. Tamaño: 18 cm.
• **HÁBITAT:** Es una especie muy de litoral y rara vez se ha visto a más de 5 m de profundidad. Le gustan las zonas de rocas cubiertas de algas y a veces llega hasta el borde de las praderas marinas.
• **ALIMENTACIÓN:** Su dieta la componen todo tipo de invertebrados (moluscos, crustáceos, equinodermos...), que encuentra entre las algas tupidas del fondo.
• **REPRODUCCIÓN:** Se reproduce principalmente entre marzo y mayo. Los machos preparan nidos de algas y atraen a varias hembras para la puesta. Cada una puede depositar unos 50 huevos, que el macho cuida hasta que se produce la eclosión.

Hembra

Durante la actividad reproductiva se distingue al macho por el color naranja vivo del ojo.

Crenilabro ocelado

Symphodus ocellatus Labridae (Lábridos)

Es frecuente observarlo a partir de los primeros metros durante las inmersiones.

• **DESCRIPCIÓN:** Posee un ocelo distintivo sobre el opérculo, así como una mancha negra en la base de la cola. Presenta a menudo bandas longitudinales. Los machos reproductores tienen colores más vivos que las hembras, generalmente de color pardo. Existen individuos de color naranja intenso. Tamaño: 13 cm.

• **HÁBITAT:** Este crenilabro es una especie de litoral, que vive desde la superficie hasta los 20 m de profundidad. Frecuenta sobre todo los fondos rocosos cubiertos de algas.

El macho ha logrado atraer a una hembra al lugar de la puesta, el nido de algas.

• **ALIMENTACIÓN:** Este pez se alimenta de pequeñas presas del fondo (moluscos, crustáceos, etc.).

• **REPRODUCCIÓN:** En verano, los machos adultos del crenilabro ocelado se vuelven territoriales y preparan un nido con algas. Hasta allí atraen a las hembras para la puesta. En un mismo nido llega a haber varios miles de huevos depositados por diferentes hembras. Algunos machos no territoriales pueden participar también en el proceso de reproducción, ya sea colaborando con el propietario en la defensa del territorio o «parasitando» el nido y fecundando los huevos recién depositados.

Crenilabro mediterráneo

Symphodus mediterraneus Labridae (Lábridos)

Es una de las especies fáciles de observar cerca de la superficie con ayuda de unas simples gafas de buceo.

• **DESCRIPCIÓN:** Es de color marrón rojizo, más o menos sombreado o jaspeado. Se le identifica por las dos manchas negras, una en la base de las aletas pectorales y otra sobre el pedúnculo caudal. Los machos lucen dibujos azules. Tamaño: 16 cm.

• **HÁBITAT:** Este pez vive sobre fondos rocosos y en praderas de posidonias, desde pocos metros hasta 15 o 20 m de profundidad.
• **ALIMENTACIÓN:** Su dieta se compone de toda clase de invertebrados que captura en el fondo, en particular de moluscos y equinodermos.
• **REPRODUCCIÓN:** La reproducción tiene lugar de abril a junio. Los machos construyen nidos con algas, aunque menos elaborados que los de otros crenilabros, donde depositan sus huevos varias hembras, una tras otra.

Crenilabro tenca

Symphodus tinca Labridae (Lábridos)

Incluso machos grandes y llenos de color son visibles en pocos metros de agua con ayuda de unas gafas.

• **DESCRIPCIÓN:** Este crenilabro se caracteriza por tener los labios blanquecinos, muy desarrollados y con un doble galón oscuro sobre el mentón. Cuando exhiben su librea nupcial, los grandes machos (más de 20 cm) son de una tonalidad amarillenta, con bandas longitudinales azules o rojas, y puntos azules sobre las aletas. Tamaño: 35 cm.
• **HÁBITAT:** Esta especie frecuenta principalmente los fondos rocosos, entre la superficie y unos 15 m de profundidad. Las hembras y los jóvenes viven también en los prados de posidonias.
• **ALIMENTACIÓN:** Consume moluscos, equinodermos y todo tipo de invertebrados fondícolas. Los atrapa llenándose la boca de arena o de algas que después escupe, conservando las presas de mayor tamaño.
• **REPRODUCCIÓN:** La puesta tiene lugar de primavera a verano, en zonas dispuestas por los grandes machos territoriales, que adoptan colores vivos.

Hembra

Macho reproductor

Subleto

Symphodus rostratus Labridae (Lábridos)

Aunque a menudo es difícil de distinguir entre la vegetación que frecuenta, no es raro verlo mientras se bucea.

• **DESCRIPCIÓN:** Se identifica con facilidad por su hocico puntiagudo y su perfil cóncavo. La coloración oscila del gris pardo al verde, en ocasiones con líneas longitudinales negras y con frecuencia una blanca en la parte superior de la frente. Tamaño: 12 cm.

• **HÁBITAT:** Presente en las zonas rocosas litorales, donde más abunda es en las praderas de posidonias. No obstante, es difícil de ver, ya que su forma y color le permiten camuflarse fácilmente.

• **ALIMENTACIÓN:** Se alimenta principalmente de pequeños crustáceos, así como de diversos invertebrados.

• **REPRODUCCIÓN:** La puesta tiene lugar desde la primavera al comienzo del verano. Los machos construyen su nido de algas sobre una piedra. Durante la parada sexual experimentan cambios de color y adoptan una postura característica en «S». Al cabo de cierto tiempo, el macho cubre el nido con grava y vigila los huevos durante el periodo de desarrollo.

Tabernero (o tordo)

Ctenolabrus rupestris Labridae (Lábridos)

Nombres: e: durdoi bizkarrurdin; **g:** durdo.

Este pez puede verse mientras se bucea y también en ciertos acuarios públicos.

• **DESCRIPCIÓN:** Se caracteriza por una primera mancha sobre el borde superior del pedúnculo caudal y por una segunda, menos marcada, al comienzo de la aleta dorsal. La coloración de fondo puede ser marrón, verdosa e incluso anaranjada. Tamaño: 15-18 cm.

• **HÁBITAT:** El principal es el rocoso, pero frecuenta también posidonias y zosteras. Parece abundar en áreas ricas en elementos nutritivos, con aguas a menudo agitadas. En general, vive a poca profundidad, pero algunos adultos descienden hasta por debajo de los 50 m.
• **ALIMENTACIÓN:** Se alimenta en el fondo a base de crustáceos, gasterópodos, briozoos...
• **REPRODUCCIÓN:** Se extiende de mayo a julio. El macho, territorial, sólo acepta hembras sexualmente maduras. La puesta se realiza sobre el fondo.

Crenilabro de cola negra

Symphodus melanocercus Labridae (Lábridos)

No es raro observar en el Mediterráneo los hábitos limpiadores de este pez.

• **DESCRIPCIÓN:** El cuerpo es de color beis o parduzco, con cola negra. Durante el periodo de reproducción, los machos se cubren de dibujos de un azul intenso. Tamaño: 14 cm. En el Atlántico vive una especie muy similar, la falsa vieja, también conocida como durdo o farro *(Centrolabrus exoletus)*.
• **HÁBITAT:** A este pez es posible localizarlo desde la superficie hasta unos 25 m de profundidad. Frecuenta las zonas rocosas y las praderas de posidonias, pero muestra una clara preferencia por los entornos intermedios.
• **ALIMENTACIÓN:** La dieta de esta especie es muy particular: se alimenta limpiando a otros peces de sus parásitos externos, principalmente pequeños crustáceos. Resulta muy interesante observar bajo el agua su comportamiento desparasitador y la interacción con su «anfitrión».
• **REPRODUCCIÓN:** La puesta ocurre de marzo a junio, muy de madrugada. Los huevos son depositados entre las algas y se abandonan.

Macho

En periodo de actividad sexual, el macho pierde el color negro de la cola y se cubre de dibujos azules.

Hembra

Doncella

Coris julis Labridae (Lábridos)

Nombres: c: donzella; **e:** dontzeila; **g:** doncella.

Pez familiar para buceadores y pescadores submarinos, es huésped habitual de los acuarios públicos de la costa.

• **DESCRIPCIÓN:** Las pequeñas doncellas exhiben una librea inicial con la mitad superior parda, una línea blanca y el vientre más o menos anaranjado. En el Mediterráneo, los machos terminales (adultos) tienen una línea ondulada de color naranja en el costado y una distintiva mancha negra. Los grandes machos atlánticos tienen una coloración diferente (véase foto), que curiosamente se da también en algunos machos mediterráneos. Tamaño: 18 a 25 cm.

• **HÁBITAT:** La doncella vive en fondos rocosos y en praderas de posidonias, habitualmente a poca profundidad, aunque puede llegar hasta los 120 m.

• **ALIMENTACIÓN:** Se compone principalmente de crustáceos, moluscos y equinodermos capturados en el fondo.

Hembra

Macho mediterráneo

Macho atlántico

• **REPRODUCCIÓN:** Hay dos categorías de machos: los «genéticos», que pertenecen a su sexo desde su nacimiento, y los machos «terminales», de gran tamaño y vivos colores, que son el resultado de la inversión sexual de las hembras más grandes. Las puestas se producen entre abril y septiembre, con un ascenso rápido a mar abierto. Son los machos terminales, territoriales, los que participan en la reproducción, pero los pequeños machos «genéticos» pueden sumarse a la fiesta.

Fredi (o pejeverde)

Thalassoma pavo Labridae (Lábridos)

Este pez es fácil de ver con ayuda de unas simples gafas de buceo en las costas españolas e italianas, pero raro en costas más al norte.

• **DESCRIPCIÓN:** La librea «inicial» (femenina) es de color pardo verdoso estriado, con barras verticales azuladas y una mancha negra sobre el dorso. La librea «terminal» (machos grandes) es verde con estrías pardas, dibujos azules en la parte superior de la cabeza y una lista azul detrás de las aletas pectorales; la cola pasa a ser sesgada. Tamaño: 20 cm.

• **HÁBITAT:** Este pez se instala en hábitats rocosos del litoral, a menos de 10 m de profundidad; con frecuencia, inmediatamente por debajo de la superficie.

• **ALIMENTACIÓN:** Carnívoro, se alimenta de pequeñas presas que atrapa de una en una: crustáceos, moluscos, equinodermos...

• **REPRODUCCIÓN:** En verano, los machos territoriales (resultado de la inversión sexual de las hembras de más edad) atraen a las hembras hasta mar abierto, donde depositan los huevos a ras de la superficie.

Un juvenil de 3 cm

Un macho grande (librea terminal) en busca de pequeñas presas.

Pez mantequilla

Pholis gunellus — Pholidae (Fólidos)

Los pescadores a pie se encuentran a menudo con este pez en la zona de mareas.

• **DESCRIPCIÓN:** Es fácil de distinguir de todos los demás peces serpentiformes gracias a los ocelos que tiene a lo largo del dorso y que le han valido también el apelativo de «mariposa de mar». Su cuerpo está recubierto por una abundante mucosidad. Tamaño: 30 cm.
• **HÁBITAT:** Pez de litoral que vive sobre fondos rocosos y entre algas. Aparece desde la zona de mareas hasta un centenar de metros de profundidad.

• **ALIMENTACIÓN:** El pez mantequilla es carnívoro y se alimenta de presas de pequeño tamaño: crustáceos, gusanos y moluscos.
• **REPRODUCCIÓN:** Tiene lugar entre noviembre y marzo. Los huevos de 2 mm son depositados en grupo entre las rocas o los restos de conchas, entre la superficie y 25 m de profundidad. Ambos progenitores (y en especial la madre) los cuidan y vigilan durante 2 meses hasta su eclosión. Las larvas se dispersan en mar abierto y no se dirigen al fondo hasta los 6 meses, cuando alcanzan un tamaño de 3 cm.

Perro del Norte

Anarhichas lupus — Anarhichadidae (Anaricádidos)

Se trata de una especie que puede verse, esencialmente, durante el desembarco de los arrastreros procedentes del mar del Norte.

• **DESCRIPCIÓN:** El perro del Norte recuerda a un blenio grande. No se le debe confundir con el róbalo del Mediterráneo, cuya carne es más fina. Puede vivir hasta los 20 años y alcanzar el respetable tamaño de 1,5 m.
• **HÁBITAT:** Este pez vive principalmente en fondos rocosos, a profundidades que oscilan entre los 5 y los 400 m. Sólo se le encuentra en aguas frías (0 a 14 °C).
• **ALIMENTACIÓN:** Gracias a su impresionante dentadura, esta es-

pecie puede partir fácilmente los moluscos, equinodermos y crustáceos de los que se alimenta.

• **REPRODUCCIÓN:** Los voluminosos huevos (5 a 6 mm de diámetro) son depositados en una masa de varios millares, protegidos en el orificio de una roca, de octubre a enero. La incubación dura 2 meses. Tras la eclosión, las larvas reposan mientras se alimentan de sus reservas; luego atraviesan una breve fase planctónica antes de regresar de nuevo al fondo.

Pez araña

Trachinus draco Trachinidae (Arañas)

Nombres: c: aranya blanca; **e:** xabiroi zuri; **g:** peixe araña.

Su picadura puede ser bastante dolorosa. Su carne es apreciada para las sopas de pescado o bullabesas.

• **DESCRIPCIÓN:** Tiene el cuerpo esbelto y aplastado lateralmente. La boca es bastante grande y los ojos están dirigidos hacia arriba. La primera dorsal, corta y de color negro, cuenta con varios radios espinosos. El dorso es marrón verdoso y el vientre más claro. En los costados tiene finas bandas oblicuas. Alcanza 40 cm.

• **HÁBITAT:** Frecuenta fondos costeros, arenosos o limosos, a escasa profundidad. Se entierra y sólo deja fuera los ojos y los radios venenosos, sobre los que un bañista puede apoyar accidentalmente el pie o la mano.

• **ALIMENTACIÓN:** Caza al acecho pequeños peces y crustáceos. Para capturar a sus presas surge de la arena, en la que crea un efecto de aspiración abriendo con violencia la boca.

• **REPRODUCCIÓN:** Tiene lugar en primavera o verano, según las regiones.

El pez araña puede esconderse en la arena con una velocidad sorprendente.

Araña menor

Trachinus vipera Trachinidae (Arañas)

También puede causar inflamaciones. Lo primero que hay que hacer es introducir la zona herida en agua caliente, ya que su veneno es destruido por el calor, como el de otros peces.

- **DESCRIPCIÓN:** El tamaño de la araña menor no supera los 15 cm. Se distingue de la araña mayor por la ausencia de líneas en los flancos. El dorso es pardo amarillento con abundantes manchitas negras. *Trachinus radiatus* es una especie próxima que vive sólo en el Mediterráneo; es de mayor tamaño y se identifica gracias a los anillos oscuros que tiene en los costados.
- **HÁBITAT:** Vive en fondos blandos de las zonas costeras. Se oculta con frecuencia en la arena, en especial si percibe la proximidad de algún peligro. Por eso es fácil pisarla sin reparar en su presencia (incluso en muy poca agua, con marea baja).
- **ALIMENTACIÓN:** Se alimenta de pequeños peces costeros y crustáceos, que caza al acecho oculta en la arena.
- **REPRODUCCIÓN:** La puesta tiene lugar en verano, en zonas relativamente profundas para la especie.

Las espinas venenosas se encuentran en la primera dorsal, de color negro.

Tripterigion amarillo

Tripterygion delaisi Tripterygiidae

Los submarinistas se encuentran a menudo con este pez. A su primo, el tripterigion rojo, se le puede ver muy cerca de la superficie.

- **DESCRIPCIÓN:** Los machos territoriales tienen una coloración característica. Las hembras y los machos no reproductores, de color marrón jaspeado con rayas oscuras, son menos visibles. Tamaño: 8 cm.
- **HÁBITAT:** Vive en fondos rocosos, principalmente entre 5 y 30 m de profundidad. Aunque también aparece en aguas muy claras del Atlántico, en el Mediterráneo parece preferir las zonas sombrías y los salientes rocosos, en particular, los que se encuentran a escasa pro-

Hembra

Macho

fundidad (esta preferencia puede deberse a la competencia por el espacio con el tripterigion rojo, que habita en los mismos lugares, pero en zonas más luminosas).

• **ALIMENTACIÓN:** El tripterigion se alimenta de pequeñas presas que viven en el fondo, en especial de minúsculos crustáceos.

• **REPRODUCCIÓN:** El periodo de reproducción se extiende desde la primavera hasta el verano. Sólo durante la fase reproductora los machos se vuelven territoriales y exhiben sus colores, amarillo dorado con la cabeza negra. Con sofisticadas paradas atraen a las hembras hasta el centro de su territorio. Los huevos son depositados entre las algas. La vigilancia y el cuidado de éstos están a cargo del macho, que ayuda durante la eclosión a las larvas. Éstas se dispersan en mar abierto y no regresan al fondo hasta que miden más de 1 cm.

IDENTIFICACIÓN DE LOS TRIPTERIGION

Tripterigion amarillo: El macho territorial tiene el cuerpo de color dorado y la cabeza negra; las hembras y los machos no reproductores son de color marrón jaspeado, con bandas verticales oscuras.

Tripterigion enano *(Tripterygion melanurus)*: En esta especie ambos sexos son de color rojo, con manchas blancas en el dorso; la cabeza está cubierta de manchas negras y es completamente negra en los machos reproductores. Este pez vive únicamente en grutas y anfractuosidades del Mediterráneo.

Tripterigion rojo *(Tripterygion tripteronotus)*: El macho es de un rojo intenso, con la cabeza negra; las hembras son difíciles de distinguir de las de la variedad enana. Vive en el Mediterráneo, hasta los 5 m.

***T. tripteronotus* (hembra)**

***T. melanurus* (Hembra)**

***T. tripteronotus* (macho)**

Budión

Salaria pavo Blenniidae (Babosas)

Puede vérsele en la orilla, en unos pocos centímetros de agua, en puertos y estanques del litoral mediterráneo.

• **DESCRIPCIÓN:** El budión tiene un cuerpo muy flexible, sin escamas y aplastado lateralmente. Los machos reproductores desarrollan una cresta en la parte superior de la cabeza. El color puede variar; en general tienen un ocelo muy visible detrás del ojo. Tamaño: 13 cm.

• **HÁBITAT:** Vive en la orilla, a veces en menos de 10 cm de agua. Aparece entre las piedras, generalmente en fondos de arena o limo. Tolera el agua contaminada de los puertos y de las lagunas costeras del Mediterráneo, que con frecuencia presentan escasez o exceso de sal. Soporta también importantes variaciones de temperatura.

• **ALIMENTACIÓN:** Este pez se alimenta de fragmentos de algas y pequeñas presas (crustáceos, gusanos...).

• **REPRODUCCIÓN:** En verano los machos se apropian de diferentes cavidades (huecos en las piedras, entre restos de conchas, bloques horadados, botes de conservas...), a menudo en poca cantidad de agua. Las hembras depositan allí los huevos, que los machos vigilan y ventilan constantemente. Tras la eclosión, las larvas se dispersan y se desarrollan en mar abierto.

¿Blenio o gobio?
A diferencia de los blenios o babosas marinas, que poseen una aleta dorsal y dos pélvicas reducidas a 2 o 3 radios, los gobios presentan dos dorsales y una ventosa ventral. Tienen además casi todo el cuerpo cubierto de escamas y labios carnosos.

LOS DIFERENTES GRUPOS DE BLENIOS

Los blenios «con cresta» (género *Salaria*) tienen el cuerpo comprimido lateralmente; los machos desarrollan una cresta. Comprenden 3 especies, una de agua dulce.

Los blenios «con tentáculos» (género *Parablennius*) tienen un tentáculo, generalmente ramificado, encima de cada ojo; estos tentáculos están más desarrollados en los machos. Comprenden 7 especies.

Moma

Coryphoblennius galerita Blenniidae (Babosas)

Capaz de permanecer mucho tiempo fuera del agua, en noches de verano se la puede ver «tomando el fresco» en las rocas, a unos 10-30 cm por encima del nivel del agua.

• **DESCRIPCIÓN:** Esta babosa crestada tiene un apéndice triangular con finos tentáculos en la cabeza. El color oscila del verde al marrón claro, casi blanco, con bandas verticales oscuras, más o menos visibles. Tamaño: 9 cm.

• **HÁBITAT:** La moma es una babosa marina que vive generalmente en rocas muy expuestas a las olas. Es capaz de permanecer fuera del agua y se la puede ver a ras de la superficie en el Mediterráneo, en la zona de mareas en el océano.

Los blenios «con antifaz» (género *Lipophrys*) no tienen tentáculos sobre la cabeza; salvo una especie, los machos reproductores exhiben un antifaz negro. Comprenden 4 especies.

Hay otras especies de babosas de mar que no se integran en estos tres grupos.

• **ALIMENTACIÓN:** Se alimenta de pequeñas algas e invertebrados diversos; tiene predilección por los apéndices filtrantes de los cirrópodos, a los que se adhiere.

• **REPRODUCCIÓN:** Según las regiones, se reproduce en primavera (Mediterráneo) o verano (Canal de la Mancha). Los huevos, puestos en un orificio entre las piedras, son vigilados por el macho.

Huevos de babosa marina (diámetro, alrededor de 1 mm).

Al final de la etapa larvaria, el alevín tiene las aletas pectorales muy desarrolladas.

Lagartina

Lipophrys pholis Blenniidae (Babosas)

Nombres: c: bavosa de mar; **e:** kabuxa burusoil.

La lagartina se ve con frecuencia en los charcos mareales.

• **DESCRIPCIÓN:** La lagartina es una babosa crestada de color pardo a verdoso, con más o menos bandas verticales y sin tentáculos sobre la frente. Alcanza un tamaño de 15 cm. En el Mediterráneo existen otras especies de *Lipophrys*.

• **HÁBITAT:** Este pez litoral vive a poca profundidad y abunda en la zona de mareas. Prefiere los fondos rocosos aunque se adentra en la arena si hay algas que le proporcionen escondites. Con la marea baja es capaz de respirar aire, cuya transferencia se realiza en el esófago, muy vascularizado, que tiene así el papel de otro órgano respiratorio.

• **ALIMENTACIÓN:** Esta babosa crestada se alimenta de todo tipo de invertebrados y pequeñas algas.

• **REPRODUCCIÓN:** La puesta se produce en un lugar escondido, generalmente bajo las piedras, a comienzos del verano. Los machos territoriales son entonces de un color muy oscuro, con labios blancos. Ellos se ocupan de custodiar los huevos hasta la eclosión.

El torillo *(Blennius ocellaris)* vive a más de 10 o 20 m. Tamaño: 20 cm.

LAS BABOSAS «CON TENTÁCULOS»

Los blenios o babosas marinas de este grupo, frecuentes en los primeros metros de agua en el Mediterráneo, son a veces difíciles de distinguir unas de otras (los criterios de identificación son el color del cuerpo y la forma de los tentáculos). Aparte de la cabruza, los más fáciles de reconocer son el cangüeso y la babosa esfinge *(Aidablennius sphynx)*, que vive en menos de 1 m de agua y cuyo macho tiene una dorsal muy alta. Las diversas especies de babosas marinas, que suelen estar presentes con una densidad de 5 a 10 individuos por m² cerca de la superficie, se reparten el espacio de manera racional.

Cabruza

Parablennius gattorugine Blenniidae (Babosas)

Nombres: c: bavosa de mar; **e:** kabuxa kataire; **g:** lorcho.

Especie muy curiosa y familiar para los buceadores; es fotografiada con mucha frecuencia por los submarinistas.

• **DESCRIPCIÓN:** Esta babosa marina con tentáculos tiene una coloración muy variable, con bandas verticales oscuras, más o menos contrastadas, sobre un fondo que va del beis al marrón verdoso. Los tentáculos que ostenta sobre los ojos tienen una característica forma de «ramas de abeto». Tamaño: 30 cm.

• **HÁBITAT:** Es típica de los fondos rocosos, aunque frecuenta también las praderas de laminarias y, en ocasiones, las de posidonias. Vive desde la superficie hasta los 20 m de profundidad.

• **ALIMENTACIÓN:** Especie omnívora, como la mayoría de los blénidos. Consume diversos invertebrados fondícolas y pequeñas algas.

• **REPRODUCCIÓN:** En primavera y verano; la maduración sexual está en función de la evolución de factores medioambientales, como la duración del día o la temperatura del agua. Los tentáculos oculares del macho se alargan según se aproxima la madurez. A continuación, se apropia de un territorio que cuente con una cavidad apropiada para la puesta. Hasta allí atrae a la hembra con llamativas paradas. Una vez depositados los huevos, el macho se hace cargo de su custodia.

Los tentáculos «en forma de abeto» son típicos de la cabruza.

Cada especie difiere de las otras por determinadas exigencias (topografía, luz, movimientos del agua, alimentación, etc.). En lenguaje científico se dice que ocupan «nichos ecológicos» diferentes.

El cangüeso es una de las babosas marinas más vistas por los buceadores. Vive desde unos pocos metros de profundidad a más de 40 m, en fondos rocosos o formaciones coralinas. Tamaño: 8 cm.

Chafarrocas

Lepadogaster lepadogaster Gobiesocidae

Puede vérseles con la marea baja, o en inmersión, volteando las piedras a las que se adhieren con su ventosa ventral.

• **DESCRIPCIÓN:** Es característica de esta especie la cabeza aplastada con pico de pato. El chafarrocas es de color pardo a verdoso, moteado con más o menos puntos oscuros. Suele tener detrás de los ojos un par de ocelos azules con el contorno de color marrón rojizo. Tamaño: 10 cm.

• **HÁBITAT:** El chafarrocas vive cerca de la superficie; también es frecuente ver a este pez en la zona de mareas, donde se oculta bajo las piedras en los charcos y estanques mareales. En cualquier caso, es una

OTRAS ESPECIES DE CHAFARROCAS

En Europa existen 6 especies de chafarrocas; casi 120 especies en todos los océanos del mundo. *Lepadogaster lepadogaster* es la más común en la vertiente atlántica, mientras que en el Mediterráneo aparece sobre todo *L. candollei*, que se distingue de la anterior por carecer de ocelos en la parte superior de la cabeza y por la presencia de manchas de color bermellón sobre el opérculo. Alcanza un tamaño de 10 cm. Vive en las fallas de las rocas o bajo las piedras, desde aguas superficiales hasta los 30 m de profundidad. Hay que mencionar también al *Diplecogaster bimaculata*, de color beis y con unas características marcas marrones de un lado a otro de la cabeza y al *Apletodon dentatus*, de color marrón, hocico redondeado y «mejillas» prominentes.

Diplecogaster bimaculata

Una formidable ventosa

La ventosa central, que es una de las principales características de los chafarrocas, abarca todo el ancho del cuerpo. Resultado de la transformación de las aletas pélvicas, con estructuras glandulares, incluye también la cara interna de las aletas pectorales.
Esta ventosa es tan eficaz que resulta casi imposible despegar al pez del sustrato al que se haya adherido. También le permite mantenerse en las rompientes.

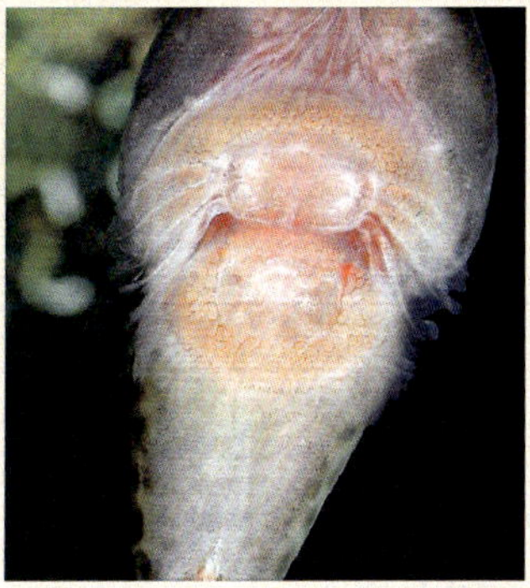

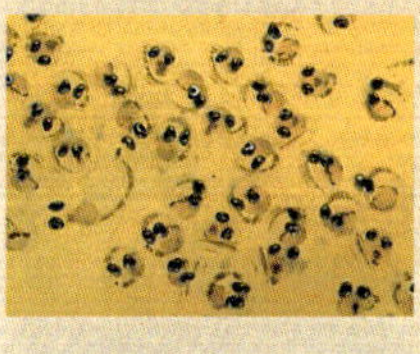

Huevos en diferentes fases de desarrollo y larva planctónica del chafarrocas.

especie muy discreta que no se aleja nunca de un lugar protegido y permanece en contacto constante con el fondo.

• **Alimentación:** El chafarrocas es carnívoro y se alimenta de los pequeños invertebrados que viven en el fondo.

• **Reproducción:** La puesta de los huevos, de color dorado, tiene lugar durante la primavera o el verano. Quedan adheridos a las rocas y a cargo del macho. En otras especies de chafarrocas los dos progenitores se ocupan de vigilar los huevos, que son depositados bajo una piedra, en una concha o en alguna cavidad. Tras la eclosión, las larvas se dispersan en las aguas abiertas donde viven algún tiempo antes de transformarse e instalarse en el fondo.

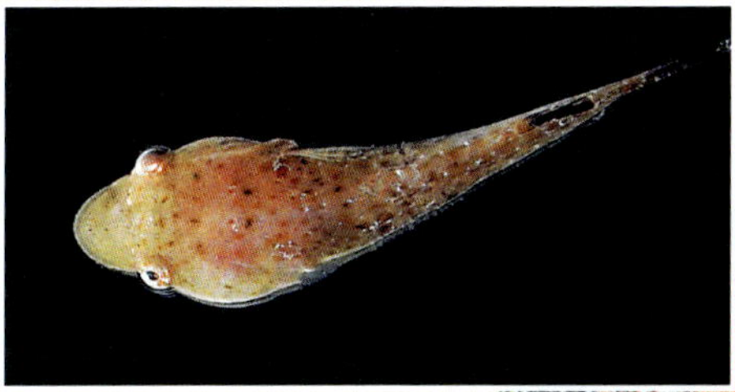

Apletodon dentatus

Lepadogaster candollei

Bobi

Gobius paganellus Gobiidae (Gobios)

Nombres: c: calcabot; **e:** paganell zarbo.

Abundante en los charcos con la marea baja; también se pesca con caña en los puertos.

• **DESCRIPCIÓN:** El bobi tiene cuerpo y cabeza macizos y labios carnosos. Los radios superiores de las aletas pectorales son libres. Es de color pardo, jaspeado. La primera dorsal tiene en el borde una franja de un tono claro o anaranjado; los machos pueden ser más oscuros. Tamaño: 12 cm.

• **HÁBITAT:** Esta especie litoral vive a menos de 10 m de profundi-

ALGUNAS OTRAS ESPECIES

El chaparrudo o baralloca *(Gobius niger)*, de color marrón, se distingue del bobi por un punto negro en la parte frontal de la primera dorsal. Los machos reproductores pueden ser negros. Aunque puede ocupar el mismo hábitat que el bobi, es capaz de vivir a mucha más profundidad. Tamaño: 15 cm.

UNA VENTOSA VENTRAL

Los gobios tienen una particularidad que permite distinguirlos fácilmente de otros pequeños peces fondícolas: sus aletas pélvicas, situadas justo debajo de la garganta, están soldadas en forma de ventosa. Aunque la capacidad de adherencia de dicha ventosa es limitada, permite al pez descansar en el fondo o mantenerse en posiciones inestables. La forma de la ventosa es uno de los criterios que permite identificar a las especies de gobios, particularmente abundantes.

dad, sobre la arena o el cieno o entre los guijarros. Tolera la baja salinidad de los estuarios y las aguas contaminadas, incluso las de los puertos. Abunda en la zona de mareas, en lugares protegidos; se refugia bajo las algas o en los charcos que quedan con la marea baja.

- **ALIMENTACIÓN:** Este pez se alimenta de todo tipo de invertebrados (crustáceos, gusanos, moluscos...), así como de peces pequeños.
- **REPRODUCCIÓN:** El periodo de reproducción puede comenzar en enero (Mediterráneo) o en abril (Canal de la Mancha) y prolongarse hasta junio. Los machos, que en ese momento son de color muy oscuro, se apropian de una cavidad (un orificio en la roca, una concha, una lata de conservas...) en la que serán depositados los huevos, de forma ovalada y adheridos por un extremo. El macho los cuida hasta que eclosionan y las larvas se dispersan en mar abierto.

Resulta difícil distinguir a los distintos gobios de arena (género *Pomatoschistus)*. Son de color beis, con manchas o bandas oscuras en los flancos. Viven en los fondos de arena de los litorales, incluso en la zona de mareas, y frecuentan los estuarios. Tamaño: 4 a 9 cm.

El gobio de dos pintas *(Gobiusculus flavescens)* es un pequeño pez que vive en bancos a unas decenas de centímetros del fondo. Posee una mancha negra sobre el pedúnculo caudal; los machos tienen además una segunda marca en el costado (bajo la primera dorsal). Tamaño: 6 cm.

Gobio moteado

Gobius bucchichii Gobiidae (Gobios)

Nombres: c: gòbit de sorra; **e:** bokaletako zarbo.

Es visible en aguas someras con unas simples gafas de buceo. Resulta interesante observar su asociación con las anémonas.

• **DESCRIPCIÓN:** El gobio moteado, bastante esbelto, es de color gris arena con motas oscuras, dispuestas en líneas más o menos longitudinales. En los machos territoriales la librea es menos contrastada y teñida generalmente de malva. Tamaño: 12 cm.

• **HÁBITAT:** Se establece en fondos más o menos salpicados de arena, en 5-6 m de agua como máximo, donde abunde la anémona *Anemonia viridis*. La abundante mucosidad que recubre su cuerpo le permite refugiarse entre los tentáculos urticantes de la anémona, letales para otras especies. A menudo comparte su refugio, con crustáceos, a veces minúsculos.

• **ALIMENTACIÓN:** Esta especie se alimenta de pequeños invertebrados del fondo.

• **REPRODUCCIÓN:** La puesta tiene lugar de la primavera al verano, en una cavidad bajo una piedra custodiada por el macho. Las larvas se desarrollan en mar abierto.

Gracias a la espesa mucosidad de su cuerpo, es inmune al veneno de las anémonas marinas.

Gobio leopardo

Thorogobius ephippiatus Gobiidae (Gobios)

Nombres: c: burret; **e:** zarbo leopardo.

Habitante de grutas y anfractuosidades; a veces es avistado por los buceadores gracias a su coloración característica.

• **DESCRIPCIÓN:** El gobio leopardo es fácil de identificar gracias a su coloración característica: gruesas manchas de un tono marrón rojizo sobre un fondo gris muy claro; los colores son más intensos en los machos. Tamaño: 13 cm.

• **HÁBITAT:** Esta especie propia de fondos rocosos vive sobre todo en orificios y grietas, incluidas las grandes grutas submarinas (en éstas se instala en la arena, cerca de escondrijos en las paredes). Aparece desde aguas someras (en ocasiones, el pez queda atrapado en los estanques de la zona de mareas), hasta aproximadamente 40 m de profundidad. Es solitario, aunque varios individuos pueden llegar a cohabitar en una misma hendidura.

• **ALIMENTACIÓN:** Como todos los demás gobios, esta especie es carnívora. Se alimenta de pequeños animales (en especial crustáceos), que se desplazan sobre el fondo o sus inmediaciones. Su gran boca le permite engullir presas que sobrepasan 1 cm de longitud.

• **REPRODUCCIÓN:** El gobio leopardo se reproduce desde la primavera hasta comienzos del verano. Los huevos son depositados en una cavidad guardada por el macho. Tras la eclosión, las larvas se dispersan en mar abierto, donde viven 1 o 2 meses antes de regresar al fondo.

El gobio leopardo tiene manchas características.

El cuerpo del gobio de boca roja *(Gobius cruentatus)* es marrón rojizo jaspeado; los labios carnosos, y a veces las mejillas, son de tonalidad bermeja. Aparece desde 5 hasta 40 m de profundidad. Tamaño: 18 cm.

Caballa

Scomber scombrus — Scombridae (Escómbridos)

Nombres: c: verat; **e:** berdel; **g:** xarda o verdel.

Es uno de los peces capturado más habitualmente con anzuelo en pesca deportiva desde embarcación; muy común en lonjas y mercados. Su carne, un poco grasa, es muy apreciada fresca, ahumada o en conserva.

• **DESCRIPCIÓN:** Tiene el cuerpo fusiforme, diseñado para la velocidad. Sus branquispinas le permiten filtrar el agua para alimentarse. Tiene una coloración brillante: dorso azul verdoso recorrido por pequeñas bandas oscuras, flancos con reflejos metálicos y vientre blanco.

Puede llegar a medir 50 cm para un peso de 1,5 kg. Existe una especie próximamente emparentada, el estornino o caballa pintada (*Scomber japonicus*), con una biología similar. Se diferencia de la caballa común por las manchas oscuras de la parte ventral.

• **HÁBITAT:** Vive en mar abierto, cerca de la superficie, en bancos a veces muy grandes. Pasa el invierno mar adentro, cerca del fondo. En primavera se aproxima a las costas. Este pez es un excelente nadador que migra para reproducirse.

• **ALIMENTACIÓN:** Se alimenta de crustáceos planctónicos que filtra a través de sus branquias mientras nada a gran velocidad con la boca abierta. Durante el verano y el otoño también puede engullir pequeños peces (espadines o lanzones, sardinas), pero no se alimenta en invierno.

• **REPRODUCCIÓN:** En primavera en Irlanda y Escocia; en junio en el golfo de Gascuña; y de diciembre a mayo en el mar Mediterráneo (con una temperatura en torno a 12 °C). Una hembra puede poner entre 200.000 y 500.000 huevos de entre 1 y 1,5 mm de diámetro, que flotan justo por debajo de la superficie del agua. La eclosión se produce unos 6 días después de la puesta y las larvas miden aproximadamente 4 mm. Los individuos jóvenes se aproximan a las costas y sólo las abandonan cuando llega el otoño siguiente.

Pesca comercial
La caballa es una de las especies más pescadas en Europa. Tanto la caballa del este como la del oeste tienen gran importancia económica. Se captura con redes de deriva y a veces con traíñas. Las poblaciones de este pez han disminuido desde la década de 1960, especialmente en los últimos veinte años. La caballa se comercializa tanto fresca como ahumada. Esta última presentación es un producto muy apreciado y de precio asequible. Hay numerosas preparaciones en conserva de este pez, sobre todo ejemplares jóvenes.

Atún

Thunnus thynnus Scombridae (Escómbridos)

Nombres: c: tonyina; **e:** atun hegalabur; **g:** atún.

Carne roja muy apreciada y rica en proteínas. Es un trofeo codiciado en la pesca deportiva por su combatividad.

• **DESCRIPCIÓN:** El atún posee un cuerpo muy hidrodinámico, con pectorales muy cortas y cola en forma de media luna. El dorso es azul oscuro, de tonalidad más o menos metálica, y el vientre blanco plateado. Puede vivir 15 años, alcanzar los 3 m y superar los 350 kg.

• **HÁBITAT:** Vive en aguas templadas, en la superficie, y se desplaza en pequeños bancos. Realiza importantes migraciones (hasta Noruega) y llega a nuestras costas en torno al mes de mayo.
• **ALIMENTACIÓN:** Se alimenta de peces de mar abierto (arenques, espadines, caballas) que caza activamente, dado que es un nadador muy rápido.
• **REPRODUCCIÓN:** Tiene lugar de abril a julio, bajo la superficie, en aguas más bien cálidas (en torno a 20 °C). La hembra puede poner varios millones de huevos de 1 mm de diámetro, que flotan entre dos aguas. Eclosionan a los 2 días y el desarrollo de los jóvenes es muy rápido.

LA PESCA DEL ATÚN

En el Mediterráneo suele capturarse con traíñas o redes de cerco y con red de deriva o anzuelo en la zona del País Vasco. Es una especie importante en el plano económico. Se puede consumir fresco, marinado, ahumado o en conserva.
En la pesca deportiva se captura en alta mar con fuertes cañas. Como cebo se arrojan con regularidad trozos de sardinas. El combate puede durar varias horas y el pescador suele tener a gala no aceptar ayuda.
No es raro capturar atunes de hasta 250 kg, aunque el récord actual está en torno a los 350 kg.

La albacora *(Thunnus alalunga)*

La albacora, o atún blanco, también vendido habitualmente como bonito, frecuenta las aguas cálidas y templadas del Atlántico, aunque penetra también en el Mediterráneo. Realiza migraciones, especialmente para reproducirse, hasta cerca de las costas americanas. Se pesca en nuestras costas con traína, curricán, red de deriva y cebo vivo, a partir de finales de mayo o principios de junio. Se prepara sobre todo en conserva, pero su elevado precio hace que en la actualidad compita con otros atunes tropicales capturados por los barcos congeladores (unas 100.000 t/año). También se consume fresco.

Bonito

Sarda sarda Scombridae (Escómbridos)

Nombres: c: bonítol; **e:** lanpo haginzorrotz; **g:** bonito alistado.

Pariente próximo del atún, es una presa muy buscada en la pesca deportiva desde embarcación.

• **Descripción:** El bonito tiene un cuerpo fuerte y fusiforme, boca grande y una línea lateral visiblemente ondulada. El dorso es de color azulado y está recorrido por bandas oblicuas oscuras; el vientre es de color blanco, más o menos plateado. Puede medir 90 cm y pesar 10 kg.

• **HÁBITAT:** Vive en aguas superficiales y forma bancos. Realiza migraciones importantes. Prefiere aguas más bien cálidas.
• **ALIMENTACIÓN:** Se alimenta de bancos de peces vivos (sardinas, anchoas, espadines). También puede engullir presas grandes. Los individuos jóvenes se alimentan de larvas de peces.
• **REPRODUCCIÓN:** La reproducción tiene lugar a finales de la primavera y principios del verano en el Mediterráneo. La hembra puede poner varios millones de huevos, de 1,4 mm de diámetro, que flotan entre el plancton.

Bonito de altura

Euthynnus pelamis Thunnidae (Túnidos)

Nombres: c: bacoreta ratllada; **g:** bonito raiado.

Se acerca poco a nuestras costas. Se pesca con traína o con caña con cebo vivo. Importante pez de consumo, se explota en regiones tropicales y se comercializa en conserva. En Europa se captura principalmente en Francia y España.

• **DESCRIPCIÓN:** El bonito de altura tiene un cuerpo de sección casi cilíndrica y una línea lateral ligeramente curvada. El dorso es azul oscuro y los flancos y el vientre plateados, con varias bandas longitudinales oscuras. Tamaño: 1 m.
• **HÁBITAT:** Es un pez de alta mar que no suele aproximarse a las costas, al menos en nuestras regiones. Siempre está en movimiento y vive en bancos a veces muy numerosos, en general no muy lejos de la superficie y en aguas más bien cálidas (más de 18 °C).

• **ALIMENTACIÓN:** Se compone de peces (clupeidos, caballas), crustáceos de mar abierto y cefalópodos.
• **REPRODUCCIÓN:** El bonito de altura se reproduce en aguas cálidas tropicales, tanto cerca de las costas como mar adentro. En el caso de la población que frecuenta las costas, la reproducción tiene lugar desde abril a septiembre en la zona al noroeste de África.

Rodaballo

Psetta maxima Scophthalmidae (Escoftálmidos)

Nombres: **c:** rèmol empetxinat; **e:** erreboilo arrunt; **g:** rodaballo, rodo (pequeños).

Junto con el lenguado, es uno de los peces planos más valorados por su carne. En ocasiones, es capturado por pescadores deportivos desde la orilla o con embarcación.

• **DESCRIPCIÓN:** Tiene un cuerpo casi circular. Cuando se le coloca con la cabeza vuelta hacia la izquierda, los dos ojos quedan situados por encima de la boca. Es un pez plano o pleuronectiforme «zurdo». El lado pigmentado está provisto de tubérculos, rugosos al tacto, lo que permite reconocerlo con facilidad. El color de esa cara es marrón, con más o menos manchas, y en el pez vivo varía según el fondo sobre el que repose. La otra cara (llamada ciega porque carece de ojos) es blanquecina. El rodaballo puede medir 1 m y pesar más de 20 kg.

Pesca y cría
Este pez es capturado sobre todo por arrastreros de fondo (también palangre y cerco). La mayor parte de las capturas se realizan en la zona norte de su área de distribución. La fama de su carne y su valor comercial han propiciado investigaciones y ensayos, que parecen prometedores, para propagar su crianza.

HOMOCROMÍA

Joven solla

Para adaptar constantemente su color al del fondo, condición indispensable para su supervivencia, los peces planos cuentan ante todo con sus ojos, que les permiten percibir y analizar, aunque sea inconscientemente, las características de su entorno. A continuación, la información es transmitida, a través de los nervios, a las innumerables células pigmentarias de la piel. Están los melanóforos (de color

• **HÁBITAT:** Vive en fondos de arena, grava y piedras, hasta a 200 m de profundidad; los jóvenes son más litorales. No se entierra, pero posee una capacidad de mimetismo importante que le permite confundirse con el color del fondo y pasar así desapercibido.

• **ALIMENTACIÓN:** Caza a la vista, principalmente pequeños peces (arenques, gádidos, a veces otros pleuronectiformes). Los jóvenes consumen además pequeños crustáceos.

• **REPRODUCCIÓN:** Tiene lugar a finales de la primavera y comienzos del verano en el Atlántico o más al norte; más temprano en el Mediterráneo. Es una especie muy fecunda: las hembras más grandes pueden poner hasta 15 millones de huevos. La puesta se realiza en fondos de grava o piedras, hasta los 80 m de profundidad. Los huevos de 1 mm de diámetro y las larvas (3 mm en el momento de nacer) flotan en mar abierto. Estas últimas son simétricas, con un ojo a cada lado de la cabeza. Uno de ellos se desplaza hasta la cara opuesta. La metamorfosis, al alcanzar un tamaño de 3 cm, dura entre 4 y 5 meses aproximadamente. A continuación, los juveniles regresan a los fondos de las zonas costeras.

EL ROMBO

El rombo o rémol *(Scophtalmus rhombus)* es una especie muy próxima al rodaballo, de la que se distingue por su cuerpo menos circular y grueso y por la ausencia de tubérculos sobre la piel. Los primeros radios de la aleta dorsal (delante de los ojos), de extremo libre y ramificado, le dan un aspecto «barbudo». Como el el rodaballo, tiene los ojos en el costado izquierdo. Puede alcanzar 1 m de longitud. Es un pez relativamente costero, pero los individuos jóvenes son muy de litoral. Aunque se pesca comercialmente, su carne es menos apreciada que la del rodaballo.

marrón oscuro), los lipóforos (amarillos) y los eritróforos (rojos), que contienen pigmentos que pueden dispersarse, o por el contrario concentrarse en un punto casi invisible, y por último los guanóforos, de color blanco a causa de los cristales de guanina. La coloración final es el resultado de estos tres tipos de células pigmentarias situados por encima de la capa blanca de guanóforos. No todas las especies tienen la misma capacidad de homocromía, pero algunas están tan dotadas que imitan perfectamente el aspecto de una gravilla heterogénea.

Cabeza de peluda

Tapadera

Zeugopterus punctatus Scophthalmidae

Nombres: c: rèmol tacat; **e:** sasierreboilo.

Aunque no es raro, hay pocas capturas porque es el único pez plano que vive «pegado» a las rocas.

• **Descripción:** Este pez parece casi rectangular. La dorsal comienza justo encima de la boca y la mandíbula superior es casi perpendicular al eje del cuerpo. Los ojos se encuentran en el costado izquierdo, de color pardo claro con grandes manchas contrastadas. Tamaño: 40 cm.

• **Hábitat:** Es el único pez plano que vive exclusivamente sobre fondos rocosos. Se desliza sobre lascas y piedras y se adhiere también a las grandes laminarias. Se le encuentra desde la orilla hasta los 40 m de profundidad.
• **Alimentación:** Esta especie consume principalmente pequeños peces y crustáceos.
• **Reproducción:** Tiene lugar generalmente hacia finales del invierno y los huevos se dispersan en el agua. Al año los jóvenes miden 4 cm.

Arnoglosas

Arnoglossus thori Bothidae

En Europa hay cinco especies de Arnoglossus, siendo ésta la más costera. Todas son «zurdas» (ojos en el costado izquierdo) y no superan los 20 o 25 cm. Ésta se distingue por el alargamiento del segundo radio libre de la dorsal (delante de los ojos), que suele estar hendido. Aparece normalmente sobre grava fina, a una profundidad de entre 5 y 200 m.

Platophrys

Bothus podas Bothidae (Bótidos)

Especie poco comercializada y consumida; es presa fácil (quizá demasiado) para los pescadores submarinos. También se puede ver este pez en acuarios públicos.

• **DESCRIPCIÓN:** Se trata de un pez plano o pleuronectiforme «zurdo», con un cuerpo ovalado y ancho. Los ojos están muy separados en el macho y más próximos en la hembra. La aleta pélvica de la cara pigmentada es más grande que la del otro lado. El color de esta cara varía, pero generalmente es de una tonalidad beis, con jaspeados o pequeñas manchas claras. Su tamaño no supera los 20 cm.

• **HÁBITAT:** Este pez vive en fondos arenosos, a escasa profundidad, aunque a veces se le ha visto incluso a 200 m. Muy mimético, se camufla adoptando el color del fondo, pero también puede enterrarse parcialmente dejando a la vista sólo los ojos.

• **ALIMENTACIÓN:** Se alimenta de pequeños peces e invertebrados del fondo.

• **REPRODUCCIÓN:** Tiene lugar entre mayo y agosto. Los machos exhiben un comportamiento territorial; no son raras las disputas en las que el macho dominante, cuya cabeza se vuelve muy oscura, ataca a los intrusos.

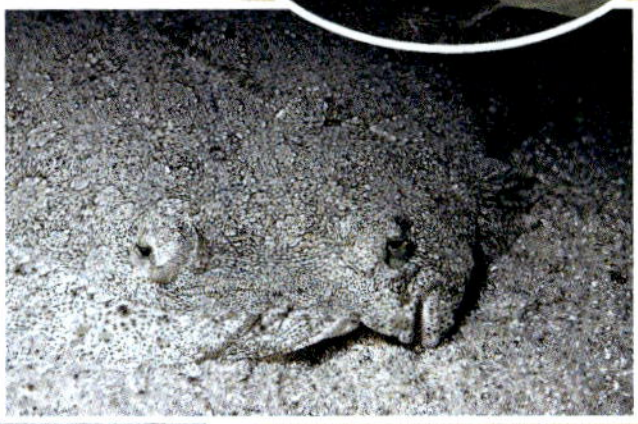

Los ojos del macho (arriba) están mucho más separados que los de la hembra (a la izquierda).

Solla

Pleuronectes platessa Pleuronectidae (Pleuronéctidos)

Nombres: c: palaia anglesa; **e:** platuxa leun; **g:** solla de altura.

Uno de los peces planos más corrientes, aunque es menos afamado (y menos caro) que el rodaballo o el lenguado. A veces se captura desde la costa con sedal o al lance.

• **DESCRIPCIÓN:** La solla es un pez plano «diestro» (ojos encima de la boca cuando está orientada hacia la derecha), de cuerpo circular. Es fácil de identificar por las manchas anaranjadas sembradas en la cara pigmentada, cuya coloración de base es parda. Alcanza un tamaño de 90 cm y un peso de 7 kg.

La solla es un pez plano «diestro», con los ojos en el lado derecho.

• **HÁBITAT:** Es un pez de fondo que prefiere los sedimentos blandos. Los jóvenes viven cerca de la costa y a veces penetran en los estuarios o en zonas salobres. Los adultos se encuentran más mar adentro y hasta 200 m de profundidad. En ocasiones migra para reproducirse.
• **ALIMENTACIÓN:** Los jóvenes se alimentan principalmente de gusanos y crustáceos. A medida que crecen, completan su dieta con pequeños peces y, sobre todo, moluscos bivalvos.
• **REPRODUCCIÓN:** Según su área de distribución, se reproduce en invierno o primavera, en zonas muy concretas. Una hembra puede poner hasta 500.000 huevos (de 2 mm de diámetro) que primero flotan y luego se hunden. La larva mide 6 mm de longitud y experimenta una metamorfosis (uno de los dos ojos se desplaza hacia la otra cara). Con 15 mm cae al fondo y después se dirige a la costa, donde los jóvenes viven 2 años.

LAS DIFERENTES POBLACIONES

Como muchas especies con un área de distribución amplia (por ejemplo, las sardinas o los bacalaos), existen varias poblaciones de sollas. Aunque pertenecientes a la misma especie, presentan diferencias biológicas, en particular en el aspecto reproductivo. Cada población tiene sus zonas de puesta y las sollas migran desde las regiones donde viven hasta llegar a ellas.

PESCA COMERCIAL Y DEPORTIVA

Buena parte de las capturas de sollas se obtienen con redes de arrastre o trasmallos (arte de pesca constituido por tres redes paralelas, que se introduce verticalmente en el agua, y en la que el pez entra y queda apresado). En algunos lugares se pesca con redes cuadradas que forman una bolsa que se hace descender horizontalmente con un cabrestante desde un barco, por ejemplo (en la pesca deportiva se emplean a veces tornos hidraúlicos o carretes recubiertos de plástico desde puentes sobre los estuarios). Las capturas europeas están en torno a 200.000 t.

Limanda

Limanda limanda Pleuronectidae (Pleuronéctidos)

Nombres: g: limanda oilar.

Pescada con red de fondo y habitual en las lonjas, se le considera un buen pescado plano.

• **DESCRIPCIÓN:** Es un pez plano «diestro», de cuerpo casi ovalado. La línea lateral se curva claramente sobre la aleta pectoral (lo que permite diferenciarla de la solla y el halibut). El costado con ojos es de color pardo amarillento con manchitas claras y oscuras; la cara ciega es blanca. Alcanza un tamaño de hasta 40 cm.

• **HÁBITAT:** Presente en los fondos arenosos de la costa hasta los 200 m de profundidad. Durante el verano vive más cerca de la costa.

• **ALIMENTACIÓN:** Es muy variada: pequeños crustáceos, moluscos, gusanos y algunos peces pequeños.

• **REPRODUCCIÓN:** Se desarrolla de febrero a julio, según las regiones. Una hembra pone alrededor de 100.000 huevos que flotan en el agua. Las larvas culminan su metamorfosis una vez que han regresado al fondo. Los jóvenes son costeros hasta los 2 años.

Halibut (o fletán)

Hippoglossus hippoglossus Pleuronectidae

También conocido como fletán, es el mayor de los peces planos (llega a superar los 300 kg). Es explotado sobre todo en los países nórdicos por su carne, a veces ahumada, y su hígado, rico en vitaminas. También se cría.

• **DESCRIPCIÓN:** Tiene el cuerpo bastante alargado y más bien grueso. Su línea lateral presenta una curva visible por encima de la aleta pectoral. La coloración es oscura, jaspeada de claro en los jóvenes. El tamaño máximo habitualmente capturado es del orden de 2,5 m, pero se han observado ejemplares mayores. El peso máximo registrado es de 316 kg.

• **HÁBITAT:** Este pez frecuenta los fondos blandos a partir de unos 50 m de profundidad y hasta más de 1.000 m, en aguas frías (entre los 3 y 8 °C principalmente). También se aventura en mar abierto, donde nada en posición vertical, como un pez normal. El halibut es capaz de realizar grandes migraciones, en ocasiones de más de 3.000 km.

• **ALIMENTACIÓN:** Los jóvenes se alimentan sobre todo de crustáceos. Durante el invierno, periodo en el que se instalan en las profundidades, los adultos se alimentan fundamentalmente de gambas. En verano, por el contrario, capturan peces en el fondo o en sus inmediaciones.

• **REPRODUCCIÓN:** Alcanza la madurez sexual cuando su tamaño ronda 1,1 m en el caso de los machos y 1,35 m en el de las hembras en las costas noruegas, antes en las islas Feroe. La reproducción tiene lugar en las profundidades (entre 700 y 1.000 m) y la hembra puede poner varios millones de huevos. Aunque son grandes (3-4 mm), los huevos flotan y se dispersan en el mar.

DIFERENCIAS ENTRE PLATIJA Y HALIBUT

	Línea lateral por encima de la pectoral	Tubérculos en la base de la dorsal y la anal	Borde posterior de la caudal
Platija	apenas curvada, bordeada de tubérculos	sí	ligeramente convexo
Halibut	sinuosa, sin tubérculos	no	recto o ligeramente cóncavo

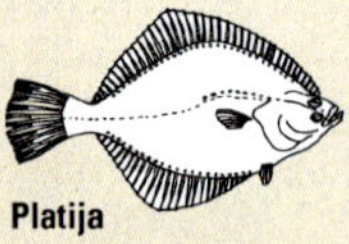

Platija

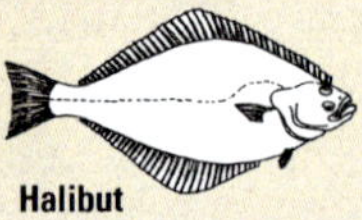

Halibut

Platija

Platichthys flesus Pleuronectidae

Nombres: c: plana; **e:** platuxa.

Aunque poco apreciada gastronómicamente, es capturada por los pescadores deportivos a lo largo de las costas. Como cebo se utilizan cangrejos pequeños, gusanos, trozos de moluscos o peces.

• **DESCRIPCIÓN:** La platija posee una fila de tubérculos en la base de las aletas dorsal y anal, lo que permite diferenciarla fácilmente de otros peces planos. La cara pigmentada es de color pardo verdoso, con manchitas oscuras y a veces anaranjadas. Tamaño: 50 cm.

• **HÁBITAT:** Vive sobre fondos blandos, más o menos cenagosos, hasta unas decenas de metros de profundidad. Penetra en aguas de baja salinidad (estuarios y desembocaduras) e incluso puede remontar corrientes de agua dulce. En invierno desciende a mayor profundidad.

• **ALIMENTACIÓN:** Los jóvenes se alimentan de pequeños crustáceos. Los adultos comen además moluscos bivalvos y pequeños peces costeros. La platija se muestra activa sobre todo durante la noche.

• **REPRODUCCIÓN:** Tiene lugar durante el invierno, principalmente entre 20 y 50 m en el mar, pero también en aguas desaladas. La hembra pone entre 500.000 y 2 millones de huevos, que flotan en la superficie y luego se hunden poco a poco. La larva regresa al fondo para transformarse cuando mide entre 20 y 30 mm.

Aunque la platija es normalmente «diestra», algunos individuos (hasta el 30% en ciertas poblaciones) pueden tener los ojos en el lado izquierdo.

Lenguado

Solea vulgaris Soleidae (Soleidos)

Nombres: c: llenguado; **e:** lenguana; **g:** lenguado.

Es uno de los peces de carne más delicada (y más cara), muy apreciada por sus filetes sin espinas. Se pesca fundamentalmente con redes de arrastre.

• **DESCRIPCIÓN:** Tiene el cuerpo alargado, la boca estrecha y escamas pequeñas. Es un pez «diestro» y la cara pigmentada tiene un color de fondo marrón más o menos salpicado de manchas oscuras. La aleta pectoral de esa cara tiene el extremo negro. El borde de la caudal presenta a veces una banda también negra. Mide 70 cm y pesa 3 kg.

• **HÁBITAT:** Presente en fondos arenosos o limosos, hasta más de 100 m de profundidad, a veces en estuarios. En invierno vive mar adentro y en primavera y verano se acerca a las costas (los jóvenes viven cerca del litoral y soportan bien la baja salinidad). Puede realizar pequeñas migraciones. De día permanece generalmente medio enterrado y su coloración se confunde con la de los sedimentos.

• **ALIMENTACIÓN:** Caza de noche y se alimenta fundamentalmente de gusanos, crustáceos y crías de marisco. Detecta a sus presas gracias al olfato y a unas papilas que se encuentran cerca de la boca.

• **REPRODUCCIÓN:** Se desarrolla de invierno a primavera, según las regiones. La hembra pone varios centenares de miles de huevos, en función de su tamaño. Los huevos flotan y en el momento de la eclosión la larva mide 3,5 mm. Cuando alcanza los 15 mm, tras la metamorfosis, el juvenil comienza su vida en el fondo, en aguas costeras. El lenguado es un pez de crecimiento lento. A los dos años, las hembras miden alrededor de 38 cm y pesan unos 500 g; los machos miden algo más de 30 cm para un peso de 350 g.

La boca del lenguado tiene una característica forma «torcida».

¡Cuántos lenguados!

La familia de los soleidos comprende más de 15 especies europeas y el término 'lenguado' se aplica a peces planos de otras familias: por ejemplo, la falsa limanda (abajo) pertenece de hecho a la familia de los pleuronéctidos.

La falsa limanda
(Microstomus kitt)
no puede confundirse ni con el lenguado (forma de la boca), ni con la limanda, más redonda y con pedúnculo caudal más largo. Tamaño: 65 cm.

El lenguado de arena o acedía
(Pegusa lascaris)
es un poco más corto que el lenguado común. La marca negra de la aleta pectoral está bordeada de un color claro. Tamaño: 40 cm.

La golleta
(Microchirus variegatus)
se reconoce por los jaspeados transversales y las grandes manchas de las aletas dorsal y anal. Tamaño: 20 cm.

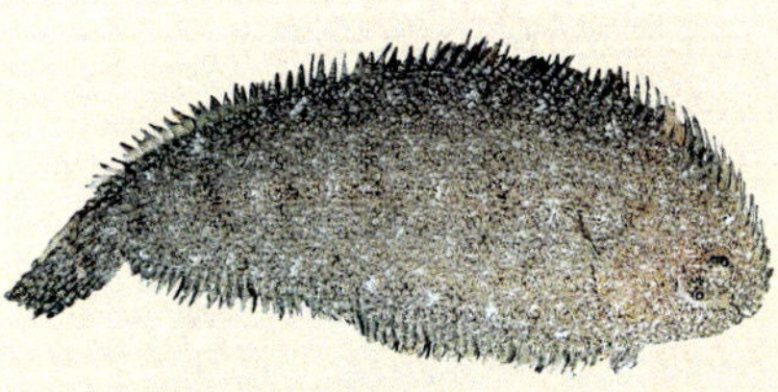

La acevia o lenguadillo
(Buglossidium luteum)
tiene estrías oscuras en las aletas dorsal y anal (1 de cada 4 a 7 radios es de color oscuro). Tamaño: 13 cm.

La lenguadina
(Dicologoglossa cuneata)
es un pez muy alargado. Su línea lateral describe una S en la parte posterior de la cabeza. Tamaño: 30 cm.

Índice

Créditos fotográficos

CLAVE: **a:** arriba; **ab:** abajo; **c:** centro; **d:** derecha; **i:** izquierda.

Berthoule/NATURE: 48 c; **Chaumeton/NATURE:** 5 ab, 5 ad, 12 abd, 12 abi 26 c, 27 ai, 27 cd, 30 c, 33 abi, 34 abd, 34 cab, 36 ab, 39 cd, 39 cd, 41 ab, 43 ad, 43 ci, 54 c, 57 a, 61 abd, 62 a, 63 ab, 64 c, 64 ci, 66 abd, 66 ad, 66 ci, 67 cd, 67 ci, 68 cd, 69 c, 72 c, 72 ci, 73 ab, 73 c, 74 c, 75 cd, 75 ci, 76 c, 81 c, 82, 85 ab, 88, 91 c, 93 c, 94 c, 99 c, 102 ab, 102 a, 102 ci, 110 ab, 112 c, 114 c, 114 ci, 115 ad, 116 i, 116 c, 119 abd, 119 cd, 120 abi, 120 c, 120 ci, 121 c, 121 cd, 122 ab, 122 c, 123 ad, 123 ad, 123 cd, 123 ca, 124 c, 125 abd, 125 ad, 125 ai, 134 c, 136 i, 136 c, 137 a, 139 ab, 140 ab, 65 c; **Courdot:** 49 c; **Durantel/NATURE:** 16-17ab; **FIOM/IFREMER-La Rochelle:** 89 a, 100 a, 27 ab, 29 ab, 31 c; **Lanceau/NATURE:** 4 ab, 39 cd, 40, 42, 47 ad, 54 abi, 71 a, 77 ab, 83 a, 90 ab, 92-93ab; **Lipmann/JACANA:** 49 ab; **Louisy:** 4 a, 5 ai, 6 7, 10 ab, 10 a, 13, 14 ab, 14 a, 20, 22, 23, 24-25, 27 ad, 28 ab, 28 c, 30 ab, 31 ab, 32 abd, 32 ci, 35 abd, 35 abi, 35 cd, 37 a, 37 c, 38 ab, 39 ad, 39 ca, 41 cd, 43 ab, 43 c, 44 ab, 46 c, 47 abd, 51 ad, 52 abi, 53 abd, 53 c, 55 ab, 56 ci, 58 ab, 58 c, 59 ab, 59 a, 59 c, 60 abi, 60 c, 60 ci, 61 c, 61 cd, 62 ab, 63 a, 64 abi, 65 ab, 68 abi, 68 cab, 69 abd, 69 abi, 70 c, 70 cab, 71 ab, 71 c, 72 ab, 76 ab, 77 c, 78 ab, 78 c, 79 c, 80 c, 81 ab, 83 ab, 83 c, 84 ab, 84 c, 85 c, 87 ab, 87 a, 89 abd, 89 abi, 90 c, 91 ab, 92 c, 94 ab, 95, 96 ab, 96 c, 97 ab, 97 c, 98 ab, 98 a, 99 ab, 100 ab, 100 c, 101 ab, 101 abd, 101 c, 103 ab, 103 a, 104 ab, 104 a, 104 c, 105 ab, 105 a, 105 c, 106 ab, 106 c, 107 ab, 107 c, 108 cd, 108 ci, 109 ab, 109 a, 109 c, 110 a, 111 ab, 111 cd, 111 ci, 112 ab, 112 a, 113 ab, 113 c, 115 ab, 117 abd, 117 abi, 117 ad, 117 ai, 117 c, 118, 119 c, 120 cab, 121 abd, 123 abd, 123 abi, 124 ab, 125 abi, 126 ab, 126 c, 127 ab, 127 d, 127 ci, 128 ab, 131, 132 ab, 133 ab, 133 a, 134 ab, 135 ab, 135 abd, 135 cd, 137 ab; **Quéro/IFREMER-La Rochelle:** 32 c, 33 c, 34 a, 35 cab, 36 c, 38 c, 44 c, 45 c, 47 cd, 50 c, 51 ab, 52 c, 55 c, 56 c, 57 ab, 86, 115 c, 128 a, 129, 130 ab, 130 a, 132 c, 133 c, 138, 139 c, 140 c, 141 abd, 141 ad, 141 cd, 141 ci; **Sauer/NATURE:** 34 abi, 135 c.

Dibujos: Jacques Treillard.

Made in United States
North Haven, CT
05 November 2026

21765347R60082